2015—2016年
中国农业用水报告

全国农业技术推广服务中心
中国农业大学土地科学与技术学院 编著
农业农村部耕地保育（华北）重点实验室

中国农业出版社
北 京

编 委 会

前　　言

　　水是生命之源、生产之要、生态之基，是农业生产必不可少的基本要素。我国水资源严重紧缺，总量仅占世界6%，人均不足世界平均水平的1/4，降水时空分布不均，水土资源匹配程度偏低。随着气候变化加剧，干旱缺水形势越来越严重，已成为制约农业可持续发展的主要瓶颈。大力发展节水农业，转变水资源利用方式，提高水分生产效率，已成为保障国家粮食安全、促进农业绿色发展和建设生态文明的重大课题。摸清农业用水情况，客观评价农业用水效率，准确分析节水农业的重要支撑作用，对推进节水农业发展具有重要的指导意义。为此，我们在收集整理全国水资源和农业用水相关资料的基础上，编写了《2015—2016年中国农业用水报告》。

　　中国农业用水报告工作从1998年开始，主要考虑种植业生产用水，重点分析水稻、小麦、玉米、大豆等主要粮食作物生产耗水情况。近年来，蔬菜生产规模不断扩大，年度总产接近8亿吨，分析蔬菜生产耗水情况意义重大。因此，从本年度开始尝试收入全国蔬菜生产及其用水信息，综合分析蔬菜水分生产力。

　　本报告按照全国和五大区域进行报告和分析。华北区包括北京市、天津市、河北省、内蒙古自治区、山西省、山东省、河南省；东北区包括黑龙江省、吉林省、辽宁省；东南区包括上海市、江苏省、浙江省、安徽省、江西省、湖北省、湖南省、福建省、广东省、海南省；西南区包括重庆市、四川省、云南省、贵州省、广西壮族自治区和西藏自治区；西北区包括陕西省、甘肃省、宁夏回族自治区、青海省、新疆维吾尔自治区。受资料限制，报告未包括香港、澳门特别行政区和台湾省数据。报告所用数据时间跨度是 2014—2016 年。

本报告中，粮食和蔬菜等生产数据来源于《中国农业统计资料 2014—2016》；水资源和水利相关数据来源于《中国水资源公报 2014—2016》和《中国水利统计年鉴 2014—2016》；降水量和相关气象参数来源于中国国家气象局全国站点多年气象数据；农田耗水量根据分布式水文模型 SWAT 计算获得。

本报告由全国农业技术推广服务中心、中国农业大学土地科学与技术学院和农业农村部耕地保育（华北）重点实验室共同完成。受数据资料和计算方法限制，本报告分析结论仅供参考。

编　者

2021 年 12 月

目　　录

第二部分　2016 年中国农业用水报告

第一部分

2015年中国农业用水报告

一、理论与方法

（一）术语和定义

降水量：从天空降落到地面的液态或固态（经融化后）水，未经地表蒸发、土壤入渗、地表径流等损失而在地面上积聚的深度，一般用水深毫米来表示，有时也用体积米^{3}来表示。

可再生地表水资源量：河流、湖泊以及冰川等地表水体中可以逐年更新的动态水量，即天然河川径流量，简称地表水资源量。

可再生地下水资源量：地下饱和含水层逐年更新的动态水量，即降水和地表水的渗漏对地下水的补给量，简称地下水资源量。

可再生水资源量：降水形成的地表和地下产水总量，即地表径流量与降水和地表水渗漏对地下水的补给量之和。

部门用水量：指国民经济主要部门在周年中取用的包括输水损失在内的毛水量，又称取水量。主要的用水部门包括：工业、农业、城乡生活、生态环境。

供水量：各种水源为用水户提供的包括输水损失在内的毛水量。

灌溉面积：一个地区当年农、林、果、牧等灌溉面积的总和。总灌溉面积等于耕地、林地、果园、牧草和其他灌溉面积之和。

耕地灌溉面积：灌溉工程或设备已经基本配套，有一定水源，土地比较平整，在一般年景可以正常进行灌溉的耕地面积。

耕地实际灌溉面积：利用灌溉工程和设施，在耕地灌溉面积中当年实际已进行正常（灌水一次以上）灌溉的耕地面积。在同一亩①耕地上，报告期内无论灌水几次，都应按一亩计算，而不应该按灌溉亩次计算。肩挑、人抬、马拉等进行抗旱点种的面积，不算实际灌溉面积。耕地实际灌溉面积不大于灌溉耕地面积。

蓝水：降落在天然水体和河流，以及通过土壤深层渗漏形成的地下水等，可以被人类潜在直接"抽取"加以利用的水量就是"蓝水"，即传统意义上的"水资源"概念。这部分水量由于是人类肉眼可见的水，所以被称之为"蓝水"，即上述的"地表水资源"和"地下水资源"之和。

绿水：天然降水中直接降落在森林、草地、农田、牧场和其他天然土地覆被、存储于土壤并被天然植被和人工生态系统直接蒸散消耗，形成生物量为人类提供食物和维持生态系统正常功能的水量。由于这部分的水量直接被天然和人工绿色植被以人类肉眼不可见的蒸散形式所消耗，所以被称之为"绿水"。

绿水流：天然降水通过降落到天然和人工生态系统表面，被土壤吸收而直接用于天然和人工生态系统实际蒸散的水量，被称为"绿水流"。

绿水库：天然降水进入土壤，除了一部分通过深层渗漏补给地下水外，储存在土壤里可以为天然和人工生态系统继续利用的土壤有效水量被称为"绿水库"。

广义农业水资源：是指农作物生长发育可以潜在利用的耕地有效降水资源（"绿水"）和耕地灌溉资源（"蓝水"）的总和。

---

① 亩为非法定计量单位，1 亩＝1/15 公顷≈667 米²。——编者注

广义农业水土资源匹配：是指一个地区单位耕地面积所占有的广义农业水资源量，是评价一个地区的耕地所享有的"蓝水"和"绿水"资源禀赋的衡量指标。

水土资源匹配：是指一个地区单位耕地面积所占有的水资源量，是评价一个地区的耕地所享有的"蓝水"资源禀赋的衡量指标。

蓝水贡献率：是指在作物形成生物量和经济产量所消耗的总蒸散量中，由灌溉"蓝水"而来的蒸散量占总蒸散量的百分数，也可称为灌溉贡献率。

绿水贡献率：是指在作物形成生物量和经济产量所消耗的总蒸散量中，由降水入渗形成的有效土壤水分"绿水"而来的蒸散量占总蒸散量的百分数，也可称为降水贡献率。

蓝水消耗率（耗水率）：是指流域或区域范围内，灌溉"蓝水"被作物以蒸散的形式消耗的水量与灌溉引水量之比。

绿水消耗率（耗水率）：是指流域或区域范围内，降落到耕地上的天然降水被作物以蒸散的形式消耗的水量与耕地降水量之比。

水分生产力：是指在流域或区域范围内，农业生产总量或总（净）产值与生产过程中消耗的总蒸散量之比。

（二）理论基础

在世界范围内，农业灌溉水量占全部用水量的70％左右，这个比例随不同国家的经济发展水平而有所变化；在中国，农业灌溉用水一般占总用水的60％～70％，这个比例随着不同流域和时间而有所变化；尤其是随着经济的发展，其他部门用水量需求和实际用水量不断增加，农业灌溉用水在总用水量中的比重不断减少，但仍然是流域和区域尺度上最大的用水部门，所以，农业用水效率的研究主要集中于提高农业灌溉用水的效率上。实际上，支撑农作物生产和产量形成的不仅仅是灌溉水，还有降落在农田，被土壤吸纳储存后直接用于作物产量形成的天然降水，而这部分的水量在农业用水评价中一直处于被忽略的地位。

1994 年瑞典斯德哥尔摩国际水研究所的 Falkenmark 首次提出水资源评价中的"蓝水"和"绿水"概念的区分。传统的水资源概念指的是天然降水在地表形成径流，通过地下水补给进入河道，或者直接降落到河道中的水量，这部分水资源在传统的水资源评价中被认为是人类可以利用的"总的水资源量"。而"蓝水和绿水"概念的核心理念就是对这个传统的水资源量概念的扩展和修正，尤其是对农作物的生产和生态系统维持和保护来说，天然的总降水量才是所有水资源的来源，无论是地表水、地下水等可被人类直接"抽取"利用的"蓝水"资源，还是降落到森林、草地、农田、牧场上直接被天然和人工生态系统利用的"绿水"资源（图 1-1）。

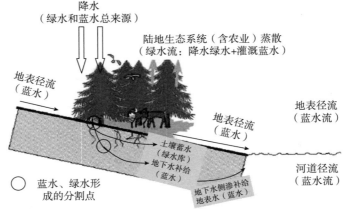

图 1-1   "绿水"和"蓝水"概念示意图
（根据 Rockstrom，1999）

"蓝水"和"绿水"的核心理念是：降落在天然水体和河流形成的地表径流，以及通过土壤深层渗漏形成的地下水等可以被人类潜在直接地"抽取"加以利用的水量就是"蓝水"，即传统意义上的"水资源"的概念，这部分的水量由于是人类肉眼可见的水，所以被称之为"蓝水"。天然降水中直接降落在森林、草地、农田、牧场和其他天然土地覆被上的可以被这些天然和人工生态系统直接利用消耗形成生物量，为人类提供食物和维持生态系统正常功能的水量就是"绿水"资源，由于这部分的水量直接被植被以人类肉眼不可见的蒸散形式所消耗，所以被称之为"绿水"。在"绿水"资源的概念里，包括"绿水流"和"绿水库"：天然降水降落到天然和人工生态系统表面被土壤吸收而直接用于天然和人工生态系统的实际蒸散的水量被称为"绿水流"；而天然降水进入土壤，除了一部分通过深层渗漏补给地下水外，储存在土壤里可以为天然和人工生态系统继续利用的土壤有效水量被称为"绿水库"。从"蓝水"和"绿水"资源的界定可以看出：后者的范围要远远大于前者。

（三）关键指标计算方法和流程

广义农业水资源是指农作物生长发育可以潜在利用的耕地有效降水"绿水"资源和耕地灌溉"蓝水"资源的总和。

根据定义，广义农业水资源（Broadly-defined Agricultural Water Resources，BAWR）包括两个分量：耕地灌溉"蓝水"和耕地有效降水"绿水"。计算公式如下：

$$Q_{gbw} = Q_{bw} + Q_{gw} \tag{1}$$

式中，Q_{gbw} 是广义农业可用水资源总量（亿米^3）；Q_{bw} 是耕地灌溉"蓝水"资源量（亿米^3）；Q_{gw} 是耕地有效降水"绿水"资源量（亿米^3）。

其中耕地灌溉"蓝水"资源量的估算方法是：

$$Q_{bw} = Q_{ag} \times p_{ir} \tag{2}$$

式中，Q_{bw} 是耕地灌溉"蓝水"资源量（亿米^3）；Q_{ag} 是农业总用水量；p_{ir} 是耕地灌溉用水占农业总用水量的百分比（%）。

灌溉"蓝水"数据来源于《中国水资源公报》中报告的农业用水量和农田灌溉量。农业用水量中不仅包括耕地灌溉量，还包括畜牧业用水量和农村生活用水量等农业其他部门的用水量。根据全国分省多年平均数据计算，耕地灌溉量一般占农业用水量的 90%～95%。

相比较耕地灌溉"蓝水"资源，耕地有效降水"绿水"资源的估算较为复杂。这主要是因为很难测量和计算降落在耕地上的天然降水及其形成的"绿水"资源量。本报告提出了一个简易方法匡算全国耕地的有效降水"绿水"资源量，主要原理如下：天然降水中降落到耕地的部分，除了有一部分形成地表径流补给河道、湖泊等水体外，其余部分则入渗到土壤中；入渗到土壤中的水量，其中一部分渗漏到深层补给地下水体或者侧渗补给地表水体。因此，耕地有效降水"绿水"估算的水平衡方程如下：

$$Q_{gw} = P_{cr} - R_{cr} - D_{cr} \qquad (3)$$

式中，Q_{gw} 是耕地有效降水"绿水"量（亿米^3）；P_{cr} 是耕地降水量（亿米^3）；R_{cr} 是耕地径流量（亿米^3）；D_{cr} 是耕地深层渗漏量（亿米^3）。

该方程又可以称之为耕地有效降水量的估算方程。其中耕地降水的估算方程如下：

$$P_{cr} = P_t \times \frac{A_{cr}}{A_{ld}} \qquad (4)$$

式中，P_t 是降水总量（亿米^3）；A_{cr} 是耕地面积（千公顷）；A_{ld} 是国土面积（千公顷）；A_{cr}/A_{ld} 是耕地面积占国土面积的百分比（%）。

该计算公式蕴含的假设是：假定天然降水均匀地降落在地表各种类型的土地利用和覆被方式上，包括耕地、林地、草地、荒地等，各种土地利用方式所接受的降水和它们各自占国土面积的百分比相当，耕地接受的降水量应该和耕地占国土面积的百分比相当。

在估算耕地径流量 R_{cr} 时，需要做如下假定。首先，假定耕地径流量和降水量的比例，即耕地径流系数，和水资源公报中报告的地表水资源量和降水量的比例相同；其次，在我国主要粮食主产区东北、华北和长江中下游平原，耕地相对平整，耕地径流基本上可以忽略不计。而在我国的丘陵地区，径流系数较大，需要计算耕地径流。

$$R_{cr} = P_{cr} \times \frac{IRWR_{surf}}{P_t} \tag{5}$$

式中，P_{cr} 是耕地降水量（亿米^3）；$IRWR_{surf}$ 是水资源公报报告的地表水资源量（亿米^3）；P_t 是水资源公报报告的总降水量（亿米^3）。

耕地深层渗漏量 D_{cr} 的估算是采用分布式水文模型的计算结果。

$$D_{cr} = P_{cr} \times \frac{d_{cr}}{p_{cr}} \tag{6}$$

式中，d_{cr} 是水文模型计算的区域耕地深层渗漏量（亿米^3）；p_{cr} 是水文模型计算的区域降水量（亿米^3）。

具体的计算原理和过程，以及结果的验证见相关文献。

水土资源匹配是指单位耕地面积所享有的水资源量。但是，传统的水土资源匹配计算时的水资源量是指"蓝水"资源。这个指标的缺点是：用总的"蓝水"资源，即水资源公报中所报告的水资源总量和耕地面积匹配，而这部分水资源中只有其中一部分可以被农业利用。为了更确切地定量分析农业可以潜在利用的水量和耕地数量的匹配，本报告从广义农业可用水资源出发计算了广义农业水土资源匹配，计算公式如下：

$$D_{match} = \frac{Q_{ghrw}}{A_{cr}} \tag{7}$$

式中，D_{match} 是广义农业水土资源匹配（米³/公顷）；Q_{gbw} 是广义农业可用水资源量（亿米³）；A_{cr} 是耕地面积（千公顷）。

粮食生产耗水量是指粮食作物经济产量形成过程中消耗的实际蒸散量。水分生产力是指粮食作物单位耗水量（实际蒸散量）所形成的经济产量。

$$CWP_{bs} = \frac{Y_c}{ET_a} \qquad (8)$$

式中，CWP_{bs} 是省域作物水分生产力（千克/米³）；Y_c 是省域粮食作物产量（千克）；ET_a 是省域粮食作物产量形成过程中的耗水量，即实际蒸散量（米³）。

与"广义农业可用水资源"概念相对应的还有下述主要概念：

"蓝水"消耗率（耗水率），是指流域或区域范围内，灌溉"蓝水"被作物以蒸腾蒸发的形式消耗的水量与灌溉引水量之比。

"绿水"消耗率（耗水率），是指流域或区域范围内，降落到耕地上的天然降水被作物以蒸腾蒸发的形式消耗的水量与耕地降水量之比。

"蓝水"贡献率，是指在流域或区域范围内，农业生产（种植、畜牧、水产）中消耗的总蒸散量中来源于"蓝水"的部分与总蒸散量之比。

"绿水"贡献率，是指在流域或区域范围内，农业生产（种植、畜牧、水产）中消耗的总蒸散量中来源于"绿水"的部分与总蒸散量之比。

水分生产力，是指在流域或区域范围内，农业生产总量或总（净）产值与生产过程中消耗的总蒸散量之比。

（四）农业用水公报相关计算流程

本报告计算流程主要分为 3 个阶段（图 1-2）。

首先，是数据收集和整理以及研究方案确定；其次是进行国家和区域尺度农田蓝水和绿水特征及作物水分生产力评价方法的完善，具体包括：基于流域的水文—作物建模计算（SWAT）和结果验证；第三是总结集成分析计算结果。

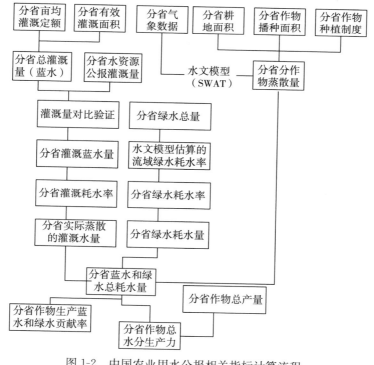

图 1-2　中国农业用水公报相关指标计算流程

首先，利用全国数字高程模型（DEM）、全国土地利用和覆被空间数据、全国土壤空间和属性数据、全国气象数据，在水文和作物模型 SWAT 中进行水文基本模拟、校验和验证，然后结合全国农作区划数据、全国农作物监测站点数据、全国灌溉站点监测数据，分流域、分省域进行对全国农作物生长和耗水计算，在模型率定和结果校验后得到分省分作物生长季的实际蒸散耗水量和产量，同时得到农作物生长季的水平衡各项。

其次，利用中国水资源公报中各省亩均灌溉定额以及分省有效灌溉面积，计算分省灌溉量，然后与分省水资源公报中的灌溉量进行比对验证，之后得到分省灌溉蓝水量，再根据中国水资源公报中报告的灌溉耗水率得到实际消耗的灌溉蓝水量。

第三，结合水文模型计算的流域和省域绿水耗水量，得到各省和全国的蓝水和绿水消耗总量，并结合作物产量，得到分省作物生产中蓝水和绿水的贡献率、消耗率、作物水分生产力。

二、广义农业水资源

（一）降水量和水资源量

1. 降水量

2015 年，全国平均降水量 660.8 毫米，折合降水总量 62 569.4 亿米³，比多年平均偏多 2.8％，比 2014 年增加 3.7％。全国地表水资源量 26 900.8 亿米³，地下水资源量 7 797.0 亿米³，地下水资源与地表水资源不重复量 1 061.8 亿米³，水资源总量 27 962.6 亿米³，比多年平均偏多 0.9％。

全国各地区降水量具有明显差异。从水资源分区看，10 个水资源一级区中，辽河区、西南诸河区、黄河区、海河区和淮河区降水量比多年平均偏少，其中辽河区偏少 12.2％；松花江区降水量与多年平均基本持平；其他水资源一级区降水量比多年平均偏多，其中东南诸河区和珠江区分别偏多 23.8％和 12.7％。与 2014 年比较，除黄河区、西南诸河区和松花江区降水量减少外，其他水资源一级区降水量均有不同程度的增加，其中海河区和东南诸河区分别增加 21.0%和 15.6%。

值得注意的是，在较为缺水的北方流域，如海河、黄河和辽河，降水量均比多年平均值偏少。从"蓝水"和"绿水"的观点看，降水量是评价农业可用水量的总的来源。因此，全国及各大流域水平降水量的减少是广义农业可用水量减少的前兆。

从行政分区看，降水量比多年平均偏多的有 12 个省份，其中上海、浙江、江西、江苏和广西 5 个省份偏多 20%以上；与多年平均接近的有湖北、宁夏和青海 3 个省份；比多年平均偏少的有 16 个省份，其中海南、辽宁和山东 3 个省份偏少15%以上。

值得注意的是，13 个粮食主产省份中，辽宁（-16.7%）、山东（-15.3%）、河南（-8.7%）、四川（-8.6%）、内蒙古（-4.0%）、河北（-3.9%）、吉林（-3.0%）、湖北（-0.2%）8 个省份的降水量比多年平均值偏少，其中北方缺水省份占很大比例。江西（26.7%）、江苏（26.4%）、安徽（16.2%）、湖南（11.0%）、黑龙江（4.2%）5 个省份比常年平均值偏多。

陆地生态系统的降水，在不同下垫面条件（地形、土壤、地表覆被、土地利用等）的影响下，分割成为"蓝水"资源（可再生地表和地下水资源）和"绿水"资源（土壤有效储水量）。由于下垫面条件不同，相同或类似降水形成的水资源量在不同地区会存在差异，反之，降水量增加并不意味着水资源形成量一定会增加。

2. 地表和地下水资源量

2015 年，全国地表水资源量 26 900.8 亿米^3，折合年径流深 284.1 毫米，比多年平均偏多 0.7%，比 2014 年增加 2.5%。

从水资源分区看，东南诸河（27.8％）、珠江（13.1％）、长江（3.4％）、西北（1.0％）比多年平均偏多，松花江（－1.5％）、辽河（－44.5％）、黄河（－28.9％）、海河（－49.8％）、淮河(－10.3％)地表水资源量比多年平均偏少。尤其值得注意的是，在本来就极度缺水的海河流域，降水量仅比常年减少了 3.4％，而其地表水资源量却比常年减少了将近一半。这说明了海河流域的水资源受到气候变化和下垫面变化的影响较为明显。类似情况的还有辽河、黄河。在本就缺水的粮食生产流域（松、辽、黄、海）出现的"地表水资源量增加幅度小于降水量增加幅度，地表水资源减少幅度大于降水量减少幅度"的现象，进一步说明了这些流域在未来会受到物质水资源量缺乏、气候变化和下垫面变化三重压力的夹击，农业用水情况不容乐观。

从行政分区看，地表水资源量比多年平均偏多的有 11 个省份，其中上海和江苏分别偏多 127.2％和 74.8％；与多年平均接近的有黑龙江省；比多年平均偏少的有 19 个省份，其中河北、山东、辽宁和北京 4 个省份偏少 40％以上。

在 13 个粮食主产省份中，河北（－57.6％）、山东（－57.5％）、辽宁（－49.7％）、河南（－38.6％）、四川（－15.1％）、吉林（－21.0％）、湖北（－2.0％）、内蒙古（－1.1％）8 个省份的地表水资源量比多年平均值偏少。江苏（74.8％）、安徽（30.4％）、江西（28.3％）、湖南（13.7％）4 个省份比多年平均偏多。黑龙江与多年平均持平（0％）。

2015 年，全国地下水资源量（矿化度≤2 克/升）7 797.0亿米^3，比多年平均偏少 3.3％，其中，平原区浅层地下水计算面积 165 万千米^2，地下水资源量 1 711.41 亿米^3，山丘区浅层地下水计算面积 676 万千米^2，地下水资源 6 383.5 亿米^3，平原区与山丘区之间的地下水资源重复计算量 297.9 亿米^3。

我国北方 6 区平原浅层地下水计算面积占全国平原区面积

的91%，2015年地下水总补给量1446.2亿米³，是北方地区的重要供水水源。北方各水资源一级区平原地下水总补给量分别是：松花江区266.0亿米³，辽河区103.11亿米³，海河区156.0亿米³，黄河区150.3亿米³，淮河区292.0亿米³，西北诸河区478.8亿米³。在北方6区平原地下水总补给量中，降水入渗补给量、地表水体入渗补给量、山前侧渗补给量和井灌回归补给量分别占50.2%、36.5%、7.7%和5.6%。黄淮海平原和松辽平原以降水入渗补给量为主，占总补给量的70%左右；西北诸河平原区以地表水体入渗补给量为主，占总补给量的72%左右。

3. 水资源总量

2015年，全国水资源总量为27962.6亿米³，比多年平均偏多0.9%，比2014年增加2.6%。地下水与地表水资源不重复量为1061.8亿米³，占地下水资源量的13.6%（地下水资源量的86.4%与地表水资源量重复）。全国水资源总量占降水总量的44.7%，平均单位面积产水量为29.5万米³/千米²。

在13个粮食主产省份中，只有江苏、安徽、湖南和黑龙江（以增加量为序）的水资源量比多年平均值偏多，其中黑龙江基本持平；内蒙古、四川、吉林、河南、河北、山东、辽宁（以减少量为序）比多年平均值偏少。总体上，2015年大多数粮食主产省份的水资源量比多年平均值偏少。

（二）部门用水分配

1. 各部门用水量和用水占比

2015年，全国总用水量6103.2亿米³。其中，生活用水793.5亿米³，占总用水量的13.0%；工业用水1334.8亿米³，占总用水量的21.9%；农业用水3852.21亿米³，占总用水量的63.1%；人工生态环境补水122.7亿米³，占总用水量的2.0%。2015年，用水量大于400亿米³的有新疆、江苏和广东 3 个省份，用水量少于 50 亿米^3 的有天津、青海、西藏、北京和海南 5 个省份。

在全国 13 个粮食主产省份中，江西（-8.6%）、江苏（-6.3%）、河北（-2.9%）、山东（-2.3%）、湖南（-2.4%）、黑龙江（-1.1%）、辽宁（-1.0%）7 个省份的农业用水量比 2014 年有所下降，但除江西外，总体上下降幅度并不大；安徽（10.3%）、四川（7.8%）、河南（7.1%）、内蒙古（2.0%）、湖北（0.7%）、吉林（0.4%）6 个省份的农业用水量增加，其中安徽、四川、河南的增幅较大。

2. 农业用水量和农业用水占比

农业用水占总用水量 75% 以上的有新疆、西藏、宁夏、黑龙江、甘肃、青海和内蒙古 7 个省份，工业用水占总用水量 35% 以上的有上海、江苏、重庆和福建 4 个省份，生活用水占总用水量 20% 以上的有北京、重庆、浙江、上海和广东 5 个省份。

2015 年，全国农业用水占总用水量的 63.1%，仍然是最大的用水部门。其中，上海（14.2%）和北京（17%）最低，都低于 25%。重庆（32.8%）、浙江（45.5%）、福建（46.3%）、天津（48.6%）、江苏（48.6%）在 25%～50% 之间。农业用水占比较高的（>75%）有内蒙古（75.5%）、青海（77.6%）、甘肃（80.7%）、宁夏（87.9%）、黑龙江（88.0%）、新疆（94.7%）、西藏（90.9%）。其余省份都位于 50%～75% 之间。

3. 灌溉面积和节水灌溉面积

2015 年，全国灌溉耕地面积 72 060.8 千公顷，占耕地总面积的 53.38%，比 2014 年增加 1 409.12 千公顷，增长 1.99%。其中，农田有效灌溉面积 65 872.7 千公顷，占灌溉耕地总面积的 91.41%，比 2014 年增加了 1 333.15 千公顷，增幅 2.07%；林地灌溉面积 2 211.1 千公顷，占灌溉耕地总面积的 3.07%，比 2014 年减少了 17.6 千公顷，减幅 0.79%；果园灌溉面积 2 433.3 千公顷，占灌溉总面积的 3.38%，比 2014 年增加 57.13 千公顷，增幅 2.40%；牧草灌溉面积 1 078.4 千公顷，占灌溉总面积的 1.50%，比 2014 年减少 14.06 千公顷，减幅 1.29%；其他部门灌溉面积 464.5 千公顷，占灌溉总面积的 0.64%，比 2014 年减少 49.74 千公顷，减幅 11.99%。

在 13 个粮食主产省份中，河北（92.85%）、黑龙江（99.63%）、吉林（97.52%）、辽宁（91.42%）、河南（97.69%）、江苏（93.05%）、安徽（98.16%）、江西（96.81%）、湖北（91.92%）、湖南（96.99%）、四川（92.30）的农田灌溉占总灌溉面积的比例都在 90% 以上；山东（89.10%）、内蒙古（83.8%）都低于 90%。其中内蒙古主要是因为牧草灌溉占比较大，而山东主要是果园灌溉面积较大。

在灌溉面积中，采用节水灌溉的面积不断增长。2015 年，全国节水灌溉面积达到 31 060.4 千公顷，比 2014 年增加了 2 041.7 千公顷，增幅 7.04%。其中低压管灌的增加面积最大，增加 640.7 千公顷；喷滴灌的增加幅度最大，达 18.53%。无论是增长量（582.1 千公顷）还是增幅（12.43%），微灌都位于中间位置。2015 年，全国节水灌溉占总灌溉面积的百分比达到了 43.10%，比 2014 年提高了大约两个百分点。

在 13 个粮食主产省份中，内蒙古（67.16%）、河北（65.55%）、江苏（55.0%）、四川（52.91%）、山东（52.39%）的节水灌溉占比都超过 50%；辽宁（48.50%）略低于 50%；吉林（36.42%）、河南（31.35%）、黑龙江（30.57%）都高于 30%；安徽（20.23%）、江西（23.89%）大于 20%；湖北（12.15%）、湖南（10.85%）最低，只有

10％左右。

从采用的节水灌溉方式来看，在全国节水灌溉面积中，采用低压管灌的面积占灌溉总面积的 28.69％，采用微灌的占 16.95％，采用喷滴灌的占 12.07％。13 个粮食主产省份中的节水灌溉大省（面积比例），内蒙古（3 种方式几乎平均分配）、河北（低压管灌占绝对优势）、江苏（渠道衬砌和低压管灌）、四川（渠道衬砌和低压管灌）、山东（低压管灌占绝对优势）采用的主要是低压管灌和渠道衬砌方式；吉林（喷滴灌占优势）、河南（低压管灌占绝对优势）、黑龙江（喷滴灌占绝对优势）采用的主要是喷低灌；淮河长江流域的安徽（渠道衬砌占优势）、江西（渠道衬砌占优势）、湖北（低压管灌和喷滴灌）、湖南（渠道防渗占优势）采用的主要是渠道衬砌技术。

4. 农田灌溉量和占农业用水的比例

农田亩均实灌量乘以农田实际灌溉面积就得到农田的实际灌溉量。2015 年，全国农田灌溉量为 3 383.2 亿米^3，占农业用水量的 87.8％。其中，河北（96.2％）、内蒙古（90.6％）、黑龙江（100％）、吉林（72.2％）、辽宁（79.3％）、河南（88.5％）、山东（79.6％）、江苏（79.5％）、安徽（92.3％）、江西（100％）、湖北（99.3％）、湖南（100％）、四川（89.6％）。

（三）广义农业水资源

根据本报告采用的"蓝水"和"绿水"的观点及其概念和定义，广义农业水资源包括耕地灌溉的"蓝水"和降落在耕地上的"绿水"两个分量。耕地的有效降水量受到耕地面积、降水量、径流量和渗漏量年际变化的影响。耕地灌溉量受到每年有效实际灌溉面积和亩均实际灌溉量年际变化的影响。因此，为了剔除上述影响因素，要归一化广义农业水资源量，不仅仅要计算广义水资源量的绝对数，更重要的是要考察广义农业水资源量折合在耕地上的水深。

1. 广义农业水资源量

2015 年，全国广义农业水资源量为 8 237.4 亿米³，比多年平均值（1998—2014 年）偏高 10.55%，比 2014 年偏高 7.02%。但以水深为衡量标准的广义农业水资源量，全国为 967.7 毫米，比多年平均值（1998—2014 年）偏少了 50.7 毫米，偏少 4.98%。其中耕地有效降水量 4 800.9 亿米³，比 2014 年增加 271.6 亿米³，增幅 5.99%。耕地有效降水深 356 毫米，比 2014 年增加 21 毫米，增幅 5.90%。耕地灌溉量 3 437.4亿米³，比 2014 年减少 13 亿米³，减幅 0.38%；折合灌溉水深 612 毫米，比 2014 年减少 14 毫米，减幅 2.32%。

在 13 个粮食主产省份中，山东（－12.03%）、辽宁（－11.65%）、黑龙江（－9.56%）、内蒙古（－7.63%）、吉林（－6.60%）、河南（－4.68%）、湖北（－1.37%）都比多年平均值偏少。这些省份中，山东、辽宁、内蒙古、吉林、河南都是地表水资源量和水资源总量比常年偏少的省份，黑龙江是与多年平均持平的省份。江西（13.21%）、四川（4.87%）、湖南（4.52%）、河北（0.87%）、江苏（0.47%）、安徽（0.43%）都比多年平均值偏多。

2. 耕地上广义农业水资源中"绿水"和"蓝水"比例

耕地有效降水和耕地灌溉占广义农业水资源的百分比可以反映全国耕地上"绿水"和"蓝水"的相对比例，是衡量一个地区对"绿水"和"蓝水"相对依赖程度的重要指标。2015 年，全国耕地有效降水占广义农业水资源量的 58.4%，耕地灌溉占广义农业水资源的 41.6%。

2015 年，大部分粮食主产省份的耕地"绿水"比例都要超过耕地"蓝水"比例。如果按照"绿水"占比降序排序，吉林（"绿水" 76.6%/"蓝水" 23.4%）、河南（74.6%/25.4%）、山东（70.4%/29.6%）的"绿水"占比都超过了60%；辽宁（69.0%/31.0%）、安徽（67.5%/32.5%）、河北

（62.4%/37.6%）都超过了60%；湖北（59.6%/40.4%）、四川（58.8%/41.2%）、黑龙江（57.7%/42.3%）、内蒙古（54.0%/46.0%）、江苏（53.0%/47.0%）、江西（53.8%/46.2%）都超过了50%；只有湖南（47.0%/53.0%）低于50%。

3. 灌溉耕地上广义农业水资源中"绿水"和"蓝水"比例

灌溉耕地对我国粮食生产贡献起到绝对重要的作用，因此有必要考察灌溉耕地上广义农业水资源中"绿水"和"蓝水"的相对比例。

2015年，全国灌溉耕地上的广义农业水资源中，耕地降水占38.9%，耕地灌溉占61.1%。在13个粮食主产省份中，按耕地灌溉的相对占比降序排列，内蒙古（32.5%/67.5%）、黑龙江（37.9%/62.1%）的耕地灌溉都超过了60%；四川（41.7%/58.3%）、辽宁（44.1%/55.9%）、吉林（45.8%/54.2%）、湖南（47.7%/52.3%）均超过50%；湖北（50.1%/49.9%）、江西（52.0%/48.0%）、江苏（55.6%/44.4%）都超过40%；河北（60.2%/39.8%）、安徽（64.0%/36.0%）、河南（70.5%/29.5%）、山东（66.3%/33.7%）都在30%以上。

（四）广义农业水土资源匹配

水土资源的匹配程度是衡量一个区域耕地面积及其可用的水资源之间的关系，也可以说是这个地区可以承载的灌溉耕地数量的指标。所以传统上都用该地区的水资源量（"蓝水"）除以该区的耕地面积。但从"蓝水"和"绿水"的角度衡量，该区耕地可用的广义农业水资源是这个地区的"绿水"和"蓝水"总量所能承载的耕地数量的重要指标，所以本报告除了计算传统的"蓝水"观点的"水土资源匹配程度"外，还计算了"广义农业水土资源匹配"（表2-1）。

表 2-1　2015 年全国分省水土资源匹配

项目	耕地面积（千公顷）	耕地比例（%）	水资源总量（亿米³）	水资源总量比例（%）	耕地灌溉水资源（亿米³）	耕地灌溉水资源比例（%）	广义农业水资源（亿米³）	广义农业水资源比例（%）
全国	135 163.2	100	27 962.6	100	3 437.4	100	8 237.4	100
北京	221.2	0.16	26.8	0.10	4.3	0.12	12.2	0.15
天津	438.3	0.32	12.8	0.05	8.3	0.24	22.1	0.27
河北	6 551.2	4.85	135.1	0.48	129.9	3.78	346.0	4.20
山西	4 062.0	3.01	94	0.34	35.1	1.02	158.7	1.93
内蒙古	9 199.0	6.81	537	1.92	126.9	3.69	275.2	3.34
河南	8 140.7	6.02	287.2	1.03	111.3	3.24	439.6	5.34
山东	7 633.5	5.65	168.4	0.60	113.9	3.31	385.6	4.68
辽宁	4 989.7	3.69	179	0.64	70.4	2.05	227.1	2.76
吉林	7 006.5	5.18	331.3	1.18	65.1	1.89	278.1	3.38
黑龙江	15 864.1	11.74	814.1	2.91	321.7	9.36	760.0	9.23
上海	188.0	0.14	64.1	0.23	12.2	0.35	21.9	0.27
江苏	4 581.6	3.39	582.1	2.08	221.9	6.45	472.8	5.74
浙江	1 978.5	1.46	1 323	4.73	74.1	2.15	171.0	2.08
安徽	5 883.1	4.35	914.1	3.27	145.3	4.23	447.5	5.43
福建	1 338.7	0.99	1 325.9	4.74	90.3	2.63	174.6	2.12

（续）

项目	耕地面积（千公顷）	耕地比例（%）	水资源总量（亿米³）	水资源总量比例（%）	耕地灌溉水资源（亿米³）	耕地灌溉水资源比例（%）	广义农业水资源（亿米³）	广义农业水资源比例（%）
江西	3 087.3	2.28	2 001.2	7.16	160.1	4.66	347.0	4.21
湖北	5 281.8	3.91	1 015.6	3.63	156.8	4.56	389.6	4.73
湖南	4 149.5	3.07	1 919.3	6.86	225.6	6.56	425.6	5.17
广东	2 621.8	1.94	1 933.4	6.91	190.3	5.54	332.0	4.03
海南	726.7	0.54	198.2	0.71	32.0	0.93	73.1	0.89
重庆	2 455.8	1.82	456.2	1.63	24.9	0.73	107.8	1.31
四川	6 734.8	4.98	2 220.5	7.94	140.3	4.08	340.7	4.14
贵州	4 548.1	3.36	1 153.7	4.13	44.2	1.29	230.7	2.80
云南	6 219.8	4.60	1 871.9	6.69	88.7	2.58	407.4	4.95
西藏	441.8	0.33	3 853	13.78	17.5	0.51	23.1	0.28
广西	4 419.4	3.27	2 433.6	8.70	170.7	4.97	433.3	5.26
陕西	3 992.0	2.95	333.4	1.19	43.0	1.25	173.6	2.11
甘肃	5 378.8	3.98	164.8	0.59	84.5	2.46	169.1	2.05
青海	588.2	0.44	589.3	2.11	14.3	0.42	22.7	0.28
宁夏	1 281.1	0.95	9.2	0.03	53.7	1.56	78.0	0.95
新疆	5 160.2	3.82	930.3	3.33	446.8	13.00	491.0	5.96

1. 传统水土资源匹配

如果用耕地面积和水资源量的水土资源匹配衡量，位于北方缺水流域的粮食主产省份均严重失衡，而位于南方丰水流域的主产省份水土资源匹配程度较高（图 2-1）。河北用占全国 0.48％的水资源养活了占全国 4.83％的耕地，水土比只有 0.10（水土比＝水资源占比/耕地占比）；类似地，山东用占全国 0.60％的水资源养活了占全国 5.64％的耕地，水土比仅有 0.11；而其他主产省份按水土比升序排列，河南（0.17）、辽宁（0.17）、吉林（0.23）、黑龙江（0.25）、内蒙古（0.28）都低于 0.5；江苏（0.61）、安徽（0.75）、湖北（0.93）低于 1.0；四川（1.59）、湖南（2.23）、江西（3.13）都高于 1.0。

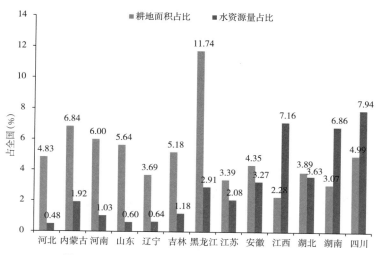

图 2-1　2015 年粮食主产省份水土资源匹配程度

（耕地占全国百分比和水资源量占全国百分比）

2. 广义农业水土资源匹配

从广义农业水土资源匹配的角度看，计算每单位耕地上的广义农业水资源量更能够体现各地区农业水土资源匹配的禀赋状况。

在考虑耕地降落"绿水"的因素后，粮食主产省份的水土资源匹配图发生了明显的变化（图 2-2）。河北用占全国 4.20% 的广义农业水资源支撑了占全国 4.83% 的耕地，广义水土比（广义水土比＝广义农业水资源占比/耕地占比）达到了 0.87，远远高于传统水土比的 0.10；类似地，山东的广义水土比达到 0.88，也大大高于传统水土比 0.11。而其他传统水土比较低的省份，广义水土比也有大幅度提升，传统水土比低于 0.50 的河南（0.89）、辽宁（0.75）、吉林（0.65）、黑龙江（0.79）、内蒙古（0.49）基本上都超过或接近 0.50。而传统水土比在 0.5~1.0 之间的江苏（1.69）、安徽（1.25）、湖北（1.21）都超过了 1.0；而原先水土比在 1.5 以上的四川（0.83）、湖南（1.68）、江西（1.85）都有所下降。

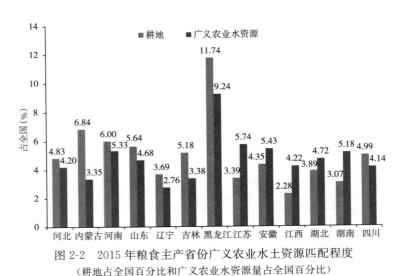

图 2-2 2015 年粮食主产省份广义农业水土资源匹配程度

（耕地占全国百分比和广义农业水资源量占全国百分比）

三、粮食生产与耗水

（一）粮食播种面积与产量

1. 粮食总播种面积、总产和种植结构

2015 年，全国粮食作物播种面积 113 342.9 千公顷，比 2014 年增加 620.3 千公顷，粮食总产 62 143.9 万吨，增产 1 441.3 万吨，增幅 2.37%。

在 2015 年的全国农作物种植面积中，粮食作物占 71.31%。其中粮食作物主要包括谷物（61.87%）、豆类（5.05%）和薯类（4.38%）三大类。其中谷物主要包括：水稻（18.45%）、小麦（14.74%）、玉米（26.95%）、谷子（0.51%）、高粱（0.25%）和其他谷物（0.97%）。豆类中包括大豆（4.09%）和杂豆（0.96%）。薯类主要是马铃薯（2.87%）。水稻、小麦、玉米和大豆的播种结构总和占粮食作物播种面积的 90.0%，因此，本报告主要报告这四大作物的生产用水和耗水情况。

2. 四大粮食作物播种面积和总产

2015 年，全国水稻播种面积 30 205.7 千公顷，比 2014 年减少 104.4 千公顷，减幅 0.3%；水稻总产 20 822.5 万吨，比 2014 年增产 171.8 万吨，增幅 0.8%；水稻单产 6.89 吨/公顷，比 2014 年提高 0.08 吨/公顷，增幅 1.2%。

全国小麦播种面积 24 141.6 千公顷，比 2014 年增加 72.1 千公顷，增幅 0.3%；小麦总产 13 018.5 万吨，比 2014 年增产 397.6 万吨，增幅 3.2%；小麦单产 5.39 吨/公顷，比 2014 年提高 0.15 吨/公顷，增幅 2.8%。

全国玉米播种面积 38 119.5 千公顷，比 2014 年增加 995.8 千公顷，增幅 2.7%；玉米总产 22 919.9 万吨，比 2014 年增产 1 355.0 万吨，增幅 6.3%；玉米单产 6.01 吨/公顷，首次突破了 6 吨/公顷，比 2014 年提高 0.20 吨/公顷，增幅 3.5%。

全国大豆播种面积 6 506.3 千公顷，比 2014 年减少 283.2 千公顷，减幅 4.2%；大豆总产 1 257.9 万吨，比 2014 年增产 43.9 万吨，增幅 3.6%；大豆单产 1.93 吨/公顷，比 2014 年增加 0.15 吨/公顷，增幅 8.1%。

2015 年，全国四大粮食作物总播种面积 98 973.1 千公顷，总产 57 579.7 万吨，单产 5.82 吨/公顷，分别比 2014 年增加 680.3 千公顷，1 529.2 万吨，0.12 吨/公顷，增幅分别为 0.7%，2.7%，2.0%。

2015 年，13 个粮食主产省份中，有如下值得注意的变化。

小麦：河北省的小麦播种面积压减了 23.80 千公顷，小麦却增产了 5.10 万吨，单产提高了 0.08 吨/公顷，分别比 2014 年减少 1.0%，增加 0.4%，增加 1.4%。山东省的水稻播种面积、总产、单产三下降，分别减少 6.10 千公顷、5.90 万吨、0.07 吨/公顷，分别减少 5.0%、5.8%、0.9%。

大豆：东北三省除了辽宁的大豆播种面积和总产略有增加外，黑龙江和吉林的大豆播种面积和产量都出现大幅下降。黑龙江大豆播种面积减少了 176.10 千公顷，减幅 6.8%，总产减少了 32.0 万吨，降幅 7.0%，单产水平下降 0.1%。吉林的大豆播种面积减少了 52.20 千公顷，降幅达 24.4%，总产减少了 8.40 万吨，降幅 22.50%，单产水平提高了 2.9%。除此之外，河南和山东的大豆播种面积和产量也出现双下降。河南大豆播种面积减少了 33.70 千公顷，减幅 8.40%，总产下降 4.70 万吨，降幅 8.6%。山东大豆播种面积减少 12.30 千公顷，减幅 8.2%，总产下降 1.90 万吨，降幅 5.2%。

水稻：黑龙江的水稻播种面积、总产和单产三下降。播种面积减少了 57.70 千公顷，减幅 1.8％，总产减少 51.30 万吨，减幅 2.3％，单产下降了 0.03 吨/公顷，减幅 0.5％。除此之外，湖南和四川水稻播种面积都有极小幅下降，但未影响总产。

玉米：除了黑龙江和吉林的玉米单产有极小幅下降外，各主产省份的玉米播种面积、产量和单产均有不同程度的提高。

值得注意的是，黑龙江省除了玉米外的三大粮食作物的播种面积和总产均有不同程度的下降。

3. 粮食作物播种面积结构

2015 年四大粮食作物的内部播种结构是：水稻占 30.5％，小麦占 24.4％，玉米占 38.5％，大豆占 6.57％。水稻的比例比 2014 年提高了 0.3 个百分点，小麦下降了 0.1 个百分点，玉米提高了 0.7 个百分点，大豆则下降了 0.34 个百分点。

（二）粮食总产与耗水量

植物叶片表面的气孔在吸收 CO_2 的同时散发出水汽（蒸腾），植物同化二氧化碳，从而形成生物量和经济产量。作物生产过程中，不仅有植物的蒸腾，还有土面的蒸发，蒸发加蒸腾称之为蒸散量，这部分水分由于作物产量（生物量）的形成而不可恢复地消耗，所以是作物生产中的耗水。作物的产量与蒸散耗水量之间存在正相关关系（图 3-1）。

2015 年，全国四大粮食作物总产 57 483.0 万吨，比 2014 年增产 1 432.5 万吨，增产 2.6％，四大粮食作物总耗水量 5 505.7 亿米³，比 2014 年减少 3.11 亿米³，减幅 0.06％。值得注意的是，随着粮食增产，一般来说，耗水量也应该相应增加。但粮食总耗水量还与粮食种植和生产的结构有关。由于光合同化二氧化碳的路径不同，在四大粮食作物中，水稻、小麦和大豆属于 C_3 作物，玉米属于 C_4 作物，从光合同化二氧化碳的水分生产力来说，C_4 作物高于 C_3 作物。

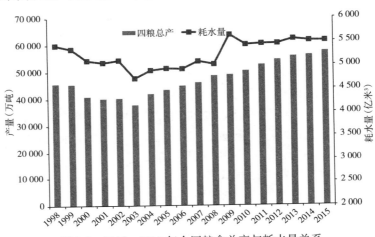

图 3-1　1998—2015 年全国粮食总产与耗水量关系

（三）灌溉水与降水贡献率

如上文所述，"绿水"贡献率是指在流域或区域范围内，农业生产（种植、畜牧、水产）中消耗的总蒸散量中来源于"绿水"的部分与总蒸散量之比。"蓝水"贡献率是指在流域或区域范围内，农业生产（种植、畜牧、水产）中消耗的总蒸散量中来源于"蓝水"的部分与总蒸散量之比。

本报告计算了全国四大粮食作物（水稻、玉米、小麦、大豆）产量中"绿水"和"蓝水"的贡献率。1998—2014 年平均值显示，全国粮食生产中，"绿水"贡献率为 59.2%，"蓝水"贡献率为 40.8%，即"绿水"贡献约六成，"蓝水"贡献约四成。

2015 年全国分省粮食生产中"蓝水"和"绿水"贡献率的计算结果显示：大部分省份的"绿水"贡献率都超过了 50%，只有少数省份的"蓝水"贡献率超出"绿水"贡献率，如新疆、上海、宁夏、青海、广东、北京、西藏和甘肃（3-2）。这些省份主要分布于西北地区（新疆、宁夏、青海和甘肃），但华北（北京）、东南（上海、广东）和西南（西藏）也分布有个别省份。

（四）粮食生产中"绿水"和"蓝水"的耗水率

"蓝水"消耗率（耗水率），是指流域或区域范围内，灌溉"蓝水"被作物以蒸腾蒸发的形式消耗的水量与灌溉引水量之比。

"绿水"消耗率（耗水率），是指流域或区域范围内，降落到耕地上的天然降水被作物以蒸腾蒸发的形式消耗的水量与耕地降水量之比。

全国分省计算结果表明，粮食生产中的"蓝水"耗水率普遍高于"绿水"耗水率，说明从区域和流域尺度上看，灌溉水的实际消耗，或者说灌溉水实际消耗于粮食生产与灌溉取水量的比值在大部分省份都已达到较高水平。粮食主产省份的"蓝水"耗水率普遍较高，如河北、内蒙古、山东、河南的"蓝水"消耗率已经超过 0.70，而辽宁、吉林、黑龙江已经接近 0.70；长江下游—淮河流域的江苏和安徽两省的"蓝水"消耗率都超过 0.60，而长江中下游的江西、湖北和湖南三省都超过或达到了 0.50。

"绿水"消耗较高的省份有：宁夏（0.77）、新疆（0.75）、内蒙古（0.72）、黑龙江（0.63）、甘肃（0.58）。其他粮食主产省份基本上都超过了 0.3，说明与"蓝水"消耗率相比，全国绝大部分省份，包括粮食主产省份的"绿水"消耗率还有较大的提升空间。

（五）四大粮食作物耗水量

2015 年，全国四大粮食作物中（水稻、小麦、玉米、大

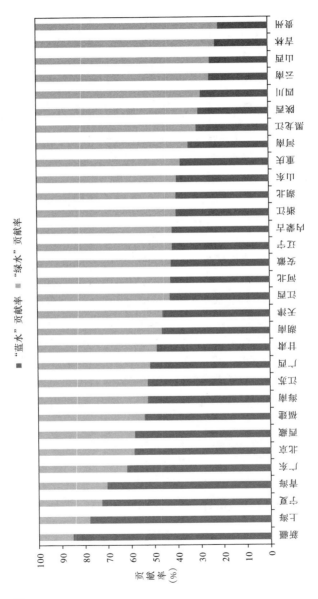

图3-2 全国分省粮食生产中"绿水"和"蓝水"的贡献率（2015年）

豆），水稻耗水量 2 609.3 亿米³，占总耗水量的 47.4%；小麦耗水量 1 146.1 亿米³，占 20.8%；玉米耗水量 1 542.5 亿米³，占 28.0%；大豆耗水量 207.8 亿米³，占 3.8%（表 3-1）。

表 3-1　2015 年全国主要粮食作物耗水量、耗水比例、产量和产量比例

作物	水稻	小麦	玉米	大豆
耗水量（亿米³）	2 609.3	1 146.1	1 542.5	207.8
耗水比例（%）	47.9	21.6	26.7	3.8
产量（万吨）	20 822.5	13 018.5	22 919.9	1 257.9
产量比例（%）	36.2	22.6	39.9	2.2

2015 年，全国水稻总产 20 822.5 万吨，占四大粮食作物总产量的 36.2%；小麦总产 13 018.5 万吨，占 22.6%；玉米总产 22 919.9 万吨，占 39.9%；大豆总产 1 257.9 万吨，占 2.2%。

四、作物水分生产力

（一）主要粮食作物水分生产力

1. 总水分生产力

2015 年，全国四大粮食作物总水分生产力为 1.044 千克/米³，比 2014 年提高 0.027 千克/米³，提高 2.61%。13 个粮食主产省份中，河北水分生产力为 1.338 千克/米³，比 2014 年降低 4.3%；内蒙古 0.921 千克/米³，比 2014 年提高 3.2%；河南 2.265 千克/米³，比 2014 年提高 2.9%；山东 1.833 千克/米³，比 2014 年提高 4.0%；辽宁 1.123 千克/米³，比 2014 年提高 15.0%；吉林 1.283 千克/米³，比 2014

年提高 3.9%；黑龙江 0.781 千克/米^3，比 2014 年提高 0.9%；江苏 1.174 千克/米^3，比 2014 年提高 14.2%；安徽 1.510 千克/米^3，比 2014 年降低 0.7%；江西 1.092 千克/米^3，比 2014 年提高 4.1%；湖北 1.108 千克/米^3，比 2014 年提高 1.2%；湖南 1.218 千克/米^3，比 2014 年提高 1.1%；四川 1.075 千克/米^3，比 2014 年提高 0.2%。

2. 水稻的水分生产力

2015 年，全国水稻水分生产力为 0.798 千克/米^3，比 2014 年提高 0.015 千克/米^3，提高 1.89%。

在 13 个粮食主产省份中的南方稻区，江苏的水稻水分生产力为 1.025 千克/米^3，安徽为 1.155 千克/米^3，江西为 1.094 千克/米^3，湖北为 1.075 千克/米^3，湖南为 1.189 千克/米^3，四川为 0.976 千克/米^3。除了南方六省，东北也是优质水稻的主要产区，尤其是黑龙江省的水稻面积，近几年由于市场需求增加，播种面积和产量不断增加。东三省中，辽宁的水稻水分生产力为 0.728 千克/米^3，吉林为 0.659 千克/米^3，黑龙江为 0.532 千克/米^3。

3. 小麦的水分生产力

2015 年，全国小麦水分生产力为 1.136 千克/米^3，比 2014 年提高 0.032 千克/米^3，提高 2.90%。

在 13 个粮食主产省份中，河北、河南和山东都是重要的小麦产区。河北小麦水分生产力为 1.264 千克/米^3，河南为 1.291 千克/米^3，山东为 1.844 千克/米^3。其他小麦播种比重较大的主产省份有江苏（1.588 千克/米^3）、安徽（2.002 千克/米^3）、湖北（1.226 千克/米^3）、四川（1.206 千克/米^3）。

4. 玉米的水分生产力

2015 年，全国玉米水分生产力为 1.804 千克/米^3，比 2014 年提高 0.060 千克/米^3，提高 3.46%。

在 13 个粮食主产省份中，吉林玉米水分生产力为 2.064 千克/米^3，黑龙江为 1.702 千克/米^3，辽宁为 1.624 千克/米^3，内蒙古为 1.870 千克/米^3，河北为 1.456 千克/米^3，河南为 1.569 千克/米^3，山东为 1.653 千克/米^3，江苏为 1.561 千克/米^3，安徽为 1.574 千克/米^3，四川为 1.529 千克/米^3。

5. 大豆的水分生产力

2015 年，全国大豆水分生产力为 0.605 千克/米^3，比 2014 年提高 0.052 千克/米^3，提高 9.45%。

在 13 个粮食主产省份中，黑龙江的大豆水分生产力为 0.513 千克/米^3，内蒙古为 0.466 千克/米^3。

（二）主要蔬菜水分生产力

1. 蔬菜主要种植区分布和蔬菜分类

我国各省均有蔬菜种植，每年蔬菜种植面积约在 3 亿亩左右，种植区域划分为：华南与长江中上游冬春蔬菜区、黄土高原与云贵高原夏秋蔬菜区、黄淮海与环渤海设施蔬菜区、东南与东北沿海出口蔬菜区、西北内陆出口蔬菜区。全国种植面积大于 50 万公顷的省份有：山东、河南、江苏、四川、河北、湖北、湖南、广西、安徽、福建、云南、浙江、贵州、重庆和江西 15 个省份，占全国种植面积的 83.6%。

蔬菜品种分类是根据蔬菜栽培、育种和利用等的需要，对种类繁多的蔬菜作物进行归类和排列。常用的蔬菜品种分类方法有植物学分类、农业生物学分类、食用器官分类等。

（1）按植物学分类：中国栽培的蔬菜有 35 科 180 多种。

（2）按农业生物学分类：以蔬菜的农业生物学特性，包括产品器官的形成特性和繁殖特性进行分类，将蔬菜分为 11 类。①根菜类：包括萝卜、胡萝卜、大头菜等，以其膨大的直根为食用部分。②白菜类：包括白菜、芥菜及甘蓝等，以柔嫩的叶丛或叶球为食用器官。③绿叶蔬菜：以其幼嫩的绿叶或嫩茎为食用器官的蔬菜，如莴苣、芹菜、菠菜、茼蒿、苋菜、蕹菜等。④葱蒜类：包括洋葱、大蒜、大葱、韭菜等，叶鞘基部能膨大而形成鳞茎，所以也叫做"鳞茎类"。⑤茄果类：包括茄子、番茄及辣椒，同属茄科，在生物学特性和栽培技术上都很相似。⑥瓜类：包括南瓜、黄瓜、西瓜、甜瓜、瓠瓜、冬瓜、丝瓜、苦瓜等，茎为蔓性，雌雄同株异花。⑦豆类：包括菜豆、豇豆、毛豆、刀豆、扁豆、豌豆及蚕豆，大都食用其新鲜的种子及豆荚。⑧薯芋类：包括一些地下根及地下茎的蔬菜，如马铃薯、山药、芋、姜等，富含淀粉，能耐贮藏。⑨水生蔬菜：是指一些生长在沼泽或浅水地区的蔬菜，主要有藕、茭白、慈姑、荸荠、菱和水芹等。⑩多年生蔬菜：如香椿、竹笋、金针菜、石刁柏、佛手瓜、百合等，一次繁殖以后，可以连续采收。⑪食用菌类：包括蘑菇、草菇、香菇、木耳等，人工栽培和野生或半野生。

（3）按食用器官分类：可分为根菜、叶菜、茎菜、花菜、果菜和种子6类。

从蔬菜大类来看，叶菜类占蔬菜总产量的 39.98%，将近 2/5 的比例。茄果类占总产量的 16.13%，其中番茄又占 2/5 强的比例。块根类占总产量的 14.11%，其中萝卜又占将近半数。瓜菜类占总产量的 12.88%，其中黄瓜又占去了半壁江山。葱蒜类占总产量的 8.79%，葱、蒜比例相当。菜用豆占总产量的 5.11%。水生菜、食用菌和其他蔬菜生产的占比分别都不到 5%。

从更细的蔬菜品种来看，大白菜产量占蔬菜总产量的 17.12%，紧随其后的分别是番茄（7.32%）、黄瓜（7.15%）、萝卜（6.60%）、圆白菜（4.79%）、茄子（4.19%）、芹菜（3.37%）、大葱（3.36%）、大蒜（2.90%）、菠菜（2.84%）、胡萝卜（2.44%）、四季豆（2.37%）、油菜（2.19%），是蔬菜生产的大宗产品，也是我国人民几乎天天都在食用的家常菜。

2. 蔬菜需水耗水一般规律

蔬菜是需水量很高的作物，如大白菜、甘蓝、芹菜和茼蒿的含水量均达93%～96%，成熟的种子含水量也占10%～15%。任何作物都是由无数细胞组成，每个细胞由细胞壁、原生质和细胞核三部分构成。只有当原生质含有80%～90%以上的水分时，细胞才能保持一定膨压，使作物具有一定形态而构成适当的光合面积，也才能维持正常的生理代谢。新陈代谢是生命的基本特征之一，有机体在生命活动过程中，不断地与周围环境进行物质和能量的交换。而水是参与这些过程的介质与重要原料．在光合作用中，水则是主要原料。

还有许多生物化学过程，如水解反映、呼吸作用等都需要水分直接参加。黄瓜缺氮，植株矮化，叶呈黄绿色。番茄缺磷，叶片僵硬，呈蓝绿色。胡萝卜缺钾，叶扭转，叶缘变褐色。当施入相应营养元素的肥料后，症状将逐渐消失，而这些生化反应，都是在水溶液或水溶胶状态下进行的。

由于各类蔬菜长期生活在不同的水分条件下，形成了不同的生态习性相适应特征，其自身形态构造和生长季节均不相同，凡生长期叶面积大、生长速度快、采收期长、根系发达的蔬菜，需水量较大（如茄子、黄瓜等）；反之需水量则较小（如辣椒、菠菜等）。体内含蛋白质或油脂多的蔬菜（如蘑菇、平菇），比体内含淀粉多的蔬菜（如山药、马铃薯）需水要多。另外，同一蔬菜的不同品种之间，需水量也有差异，耐旱和早熟品种需水量就少些。

大多数蔬菜根系较浅，对水分的反应都较灵敏。试验表明，当土壤水分降到适宜蔬菜生长的下限时，叶片水分含量并未立即发生明显变化，而首先是呼吸状态发生变化，继而光合作用也发生变化。土壤水分进一步下降时，叶片水分含量才开始显著下降。由此得出，外观上尚未出现轻度萎蔫缺水时，就可引起光合能力减退，此时就应补充土壤水分。但就水分需要而言，各种蔬菜又有所区别。

各地区蔬菜需水量变幅较大，以大白菜为例，天津、山西等地需水量为 326~363 毫米，而北京地区高达 628 毫米。总的来看蔬菜生长期内（120~150 天）总需水量约 500~1 000 毫米，每日平均需水 4~8 毫米，显然大于粮食作物的需水量。以单种蔬菜需水量为基础，得出北京 5 种典型茬口的菜田平均需水量为 1 420 毫米/亩。

3. 全国和分省蔬菜生产

1998 年全国蔬菜播种面积 12 293 千公顷，而在改革开放之初的 1978 年，蔬菜播种总面积只有 3 331 千公顷，增加了 8 962 千公顷，增幅达 269%，即增长了将近 3 倍的数量。1998 年以来，尤其是进入 21 世纪，蔬菜播种面积继续稳步增长。2015 年，全国蔬菜播种面积 22 000 千公顷，比 1998 年增加了 9 707.2 千公顷，增幅 79.0%。

1998 年全国蔬菜总产 37 834.36 亿吨（鲜菜重，下同），2015 年全国蔬菜总产 78 574.7 亿吨，增长了 107.7%。蔬菜单产从 1998 年的 30.78 吨/公顷提高到 2015 年的 35.72 吨/公顷，提高了 4.94 吨/公顷，增幅 16.0%。

分省来看，2015 年蔬菜产量超过 2 000 万吨的省份是山东、河北、河南、江苏、四川、湖南、湖北、广东、辽宁、广西、安徽 11 个省份，它们的总产占全国总产的 70.7%。产量在 1 000 万~2 000 万吨的省份是新疆、福建、云南、甘肃、陕西、浙江、重庆、贵州、内蒙古、江西、山西 11 个省份，它们的总产占全国总产的 24.0%。上述 22 个省的总产合计占全国总产的 94.7%（图 4-1）。

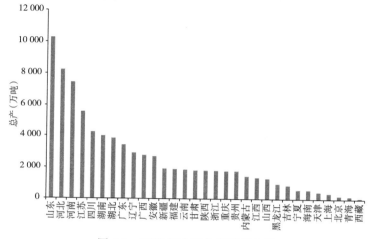

图 4-1　2015 年全国分省蔬菜产量

4. 蔬菜耗水量与水分生产力

2015 年，全国蔬菜总产 78 526.1 万吨，蔬菜耗水总量 960.45 亿米³，蔬菜水分生产力 8.18 千克/米³。各省蔬菜水分生产力的差异较大，最高的河北省能够达到 18.617 千克/米³，最低的西藏自治区只有 2.224 千克/米³。由于蔬菜种类、品种、需水生理特性、生长季、茬口等因素异常丰富、多样，因此，其水分生产力水平需要考虑这些因素的综合影响，各省份的水分生产力不能进行简单的比较或类比，但总体上的蔬菜水分生产力还是具有一定的指示意义的。

从全国来看，蔬菜水分生产力超过 10 千克/米³ 的有河北（18.618 千克/米³）、山东（17.993 千克/米³）、河南（17.658 千克/米³）、辽宁（14.293 千克/米³）、山西（11.922 千克/米³）5 个省份。在 5～10 千克/米³ 之间的有内蒙古（9.926 千克/米³）、云南（9.760 千克/米³）、安徽（9.416 千克/米³）、陕西（9.093 千克/米³）、重庆（8.868 千克/米³）、江苏（8.208 千克/米³）、吉林（7.715 千克/米³）、天津（7.648

千克/米³)、湖南（7.358 千克/米³）、上海（7.189 千克/米³）、新疆（7.056 千克/米³）、宁夏（6.953 千克/米³）、四川（6.643 千克/米³）、湖北（6.630 千克/米³）、北京（6.339 千克/米³）、青海（6.248 千克/米³）、甘肃（6.067 千克/米³）、黑龙江（5.745 千克/米³）、江西（5.054 千克/米³）19 个省份（图 4-2）。

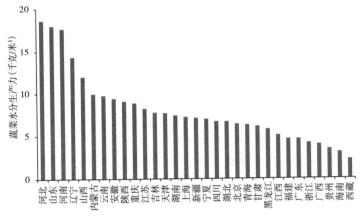

图 4-2　2015 年全国分省蔬菜水分生产力

在蔬菜生产的 960.45 亿米³ 耗水量中，来源于灌溉"蓝水"的耗水量 2 609.27 亿米³，来源于降水"绿水"的耗水量 690.97 亿米³，"蓝水"占 28.0%，"绿水"占 72.0%，大致为"蓝水"："绿水"为 3∶7 的比例（图 4-3）。

（三）水分生产力和单产

水分生产力与很多因素有关，其中，单产是很重要的因素。水分生产力与单产基本呈线性正相关关系。从全国分省粮食单产和水分生产力的关系看（图 4-4），粮食主产省份的水分生产力基本处于全国领先水平。重庆的水分生产力水平在南方省份中处于较高水平。

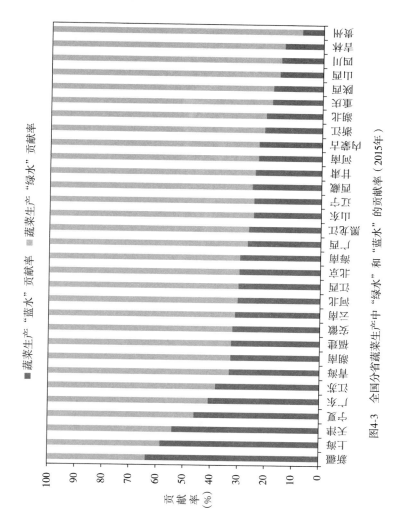

图4-3 全国分省蔬菜生产中"绿水"和"蓝水"的贡献率（2015年）

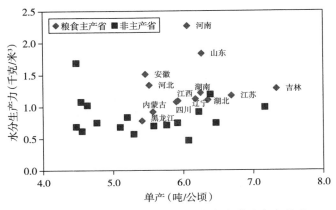

图 4-4　2015 年全国分省粮食单产与水分生产力关系

蔬菜的水分生产力也与单产密切相关。分省蔬菜单产与水分生产力的关系如图 4-5 所示。

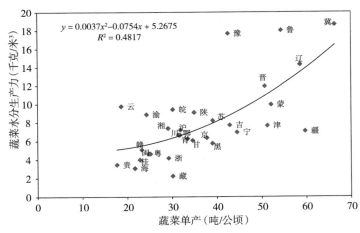

图 4-5　2015 年分省蔬菜单产与水分生产力关系

（四）水分生产力与土地生产力

土地生产力是指单位耕地面积产出的粮食产量，是剔除复种指数的影响，对耕地的产出进行衡量的主要指标。计算方法是用粮食总产除以粮食耕地面积。本报告中的"土地生产力"是指"粮食土地生产力"，是用粮食总产量除以粮食耕地总面积。

土地生产力和水分生产力基本呈线性正相关（图 4-6）。土地生产力最高的河南、山东和安徽的水分生产力也处于较高位置。东南土地生产力最高，但是水分生产力处于中值水平。华北土地生产力处于第二位，水分生产力最高。东北土地生产力处于较低位置，这是由于其一年一熟的种植制度决定的。西南水分生产力处于较低水平，但土地生产力在中值水平。西北无论土地还是水分生产力都处于最低点。

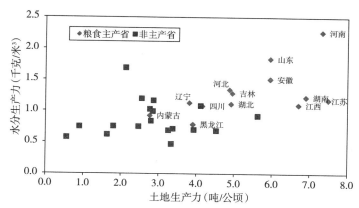

图 4-6　2015 年全国分省土地生产力与水分生产力关系

（五）水分生产力与降水量

降水量和粮食水分生产力的关系为：降水量在 200～800毫米之间，粮食水分生产力随着降水量增加而增加；降水量在800～2 200 毫米之间，水分生产力随着降水量增加而降低（图 4-7）。

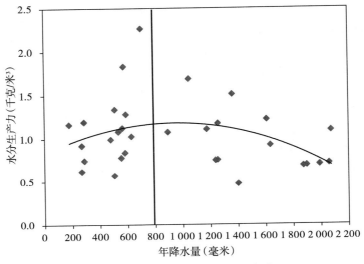

图 4-7　降水量和水分生产力关系

五、结　　语

　　2015 年全国平均降水量 660.8 毫米，折合降水总量 62 569.4 亿米³，比多年平均偏多 2.8%，比 2014 年增加 3.7%。值得注意的是，在较为缺水的北方流域，如海河、黄河和辽河，降水量均比多年平均值偏少。本报告采用的"蓝水"和"绿水"的观点认为：降水量是评价农业可用水量的总的来源。因此，全国及各大流域降水量的降低是广义农业可用水量减少的前兆。陆地生态系统的降水在降落到地面后，在不同下垫面条件（地形、土壤、地表覆被、土地利用等）的影响下，分割成为"蓝水"资源（可再生地表和地下水资源）和"绿水"资源（土壤有效储水量）。由于下垫面条件不同，相同或类似降水形成的水资源量在不同地区会存在差异，反之，降水量增加并不意味着水资源形成量一定会增加。

在本就缺水的粮食生产流域（松河、辽河、黄河、海河）出现"地表水资源量增加幅度小于降水量增加幅度，地表水资源减少幅度大于降水量减少幅度"的现象，进一步说明了这些流域在未来会受到物质水资源量缺乏、气候变化和下垫面变化三重压力的夹击，农业用水情况不容乐观。河北、山东、辽宁3个粮食大省的地表水资源量比常年平均减少幅度均超过一半左右，而它们降水量比常年偏少的幅度远远没有水资源量偏少幅度大，再次从省级行政区水平上印证了：在北方缺水的粮食生产大省，农业用水会受到物质缺水、气候变化、下垫面变化、部门间竞争四重压力的影响。

2015年，全国水资源总量为27 962.6亿米^3，比多年平均偏多0.9%，比2014年增加2.6%。总体上，2015年大多数粮食主产省的水资源量比多年平均值偏少。

2015年，全国总用水量6 103.2亿米^3。农业用水3 852.21亿米^3，占总用水量的63.1%。

全国分省农业用水占总用水量的百分比呈现明显的地区分异，呈现明显的从东南到西北逐渐增加的空间分布模式。东南沿海经济最发达地区的农业用水占比最低，西北内陆地区缺水省份的占比最高，其他省份则处于中段位置。这种用水格局的空间分布从另一个角度反映了各省经济结构和经济发达程度。

2015年，农田灌溉占灌溉面积的绝大多数，大于90%，紧随其后的是林地、果园和牧草灌溉。与2014年相比，农田、果园和其他部门灌溉都有增长，其中其他部门灌溉增幅最大，林地和牧草灌溉面积略有下降。为保证粮食生产，13个省份的灌溉主要用在了农田灌溉上。在节水灌溉方面，缺水的北方粮食生产省份（内蒙古、河北）和经济发达的不缺水省份（江苏）的节水灌溉采用的比例较高。在节水灌溉比例较高的省份，除了最基本的渠道衬砌外，低压管灌、喷滴灌和微灌都是主导的节水灌溉模式。

2015 年，全国农田灌溉量为 3 383.2 亿米³，占农业用水量的 87.8%。农业仍然是最大的用水部门，占总用水量的 63.1%，其中农田灌溉量占农业用水总量的 87.8%，是农业用水中最大的部门。在总灌溉面积中，节水灌溉面积的比例继续提高，除了最基本的渠道衬砌外，低压管灌、喷滴灌和微灌都是主要的节水灌溉模式。

广义农业水资源量从表观上有所增加，但由于上述影响因素的总和作用，归一化的水深广义水资源量却比多年平均偏少。耕地有效降水深有小幅增加的同时，耕地灌溉水深也小幅减少，证明了耕地"绿水"和"蓝水"此消彼长的一般性规律。

水资源总量的偏少已经加剧了广义农业水资源的紧张程度。同时，上述各粮食主产省份的地表水资源偏少幅度大于广义农业水资源偏少幅度，从另一个侧面说明了这些主产省份为了稳定粮食和其他农作物生产，采用了地下水和其他水源以保证用水。河北省的地表水资源和地下水资源比常年偏少，而其广义农业水资源量却略有增加，说明其对地下水和其他水源的利用以保证广义农业水资源量。

大多数粮食主产省份的耕地"绿水"比例都超过了耕地"蓝水"，13 个主产省份中有 12 个更加依赖耕地灌溉"蓝水"。但值得注意的是：松辽流域的黑龙江"绿水"占比，明显低于同属东北的辽宁、吉林两省。而长江中下游流域的湖南"绿水"占比也比同一区域的江西、湖北两省低，这主要是由于黑龙江的水稻灌溉量较大，而湖南省是双季稻区，灌溉量较大，其"绿水"和"蓝水"相对比例与同为双季稻区的非粮食主产省的广东省相似。

一直以来被认为是灌溉广度和强度都很大的河北省，灌溉耕地上的耕地灌溉占比却低于其他主产省，这主要是河北省的冬小麦—夏玉米轮作制度中，全年 70％以上的降水都发生在夏玉米生长季。处于类似气候区和相同农作制的河南、山东两省也有类似的情况。

2015 年，全国粮食作物播种面积 113 342.9 千公顷，比 2014 年增加 620.3 千公顷，粮食总产 62 143.9 万吨，比 2014 年增产 1 441.3 万吨，增幅 2.37％。

2015 年，全国四大粮食作物总产 57 483.0 万吨，比 2014 年增产 1 432.5 万吨，增产 2.6％，四大粮食作物总耗水量 5 505.7 亿米^3，比 2014 年减少 3.11 亿米^3，减幅 0.06％。

2015 年，全国四大粮食作物中（水稻、小麦、玉米、大豆），水稻耗水量 2 609.3 亿米^3，占总耗水量的 47.4％；小麦耗水量 1 146.1 亿米^3，占 20.8％；玉米耗水量 1 542.5 亿米^3，占 28.0％；大豆耗水量 207.8 亿米^3，占 3.8％。

2015 年，全国四大粮食作物总水分生产力为 1.044 千克/米^3，比 2014 年提高 0.027 千克/米^3，提高 2.61％。粮食主产省份中，只有黑龙江和内蒙古的水分生产力低于 1.000 千克/米^3，其他非主产省份中，只有天津和陕西的水分生产力略大于 1.000 千克/米^3，这说明粮食主产省份的水分生产力从总体上要高于非主产省份。

2015 年，全国水稻水分生产力为 0.798 千克/米^3，比 2014 年提高 0.015 千克/米^3，提高 1.89％。全国小麦水分生产力为 1.136 千克/米^3，比 2014 年提高 0.032 千克/米^3，提高 2.90％。全国玉米水分生产力为 1.804 千克/米^3，比 2014 年提高 0.060 千克/米^3，提高 3.46％。全国大豆水分生产力为 0.605 千克/米^3，比 2014 年提高 0.052 千克/米^3，提高 9.45％。

第二部分

2016年中国农业用水报告

一、理论与方法

（一）术语和定义

降水量：从天空降落到地面的液态或固态（经融化后）水，未经地表蒸发、土壤入渗、地表径流等损失而在地面上积聚的深度，一般用水深毫米来表示，有时也用体积米^{3}来表示。

可再生地表水资源量：河流、湖泊以及冰川等地表水体中可以逐年更新的动态水量，即天然河川径流量，简称地表水资源量。

可再生地下水资源量：地下饱和含水层逐年更新的动态水量，即降水和地表水的渗漏对地下水的补给量，简称地下水资源量。

可再生水资源量：降水形成的地表和地下产水总量，即地表径流量与降水和地表水渗漏对地下水的补给量之和。

部门用水量：指国民经济主要部门在周年中取用的包括输水损失在内的毛水量，又称取水量。主要的用水部门包括：工业、农业、城乡生活、生态环境。

供水量：各种水源为用水户提供的包括输水损失在内的毛水量。

灌溉面积：一个地区当年农、林、果、牧等灌溉面积的总和。总灌溉面积等于耕地、林地、果园、牧草和其他灌溉面积之和。

耕地灌溉面积：灌溉工程或设备已经基本配套，有一定水源，土地比较平整，在一般年景可以正常进行灌溉的耕地面积。

耕地实际灌溉面积：利用灌溉工程和设施，在耕地灌溉面积中当年实际已进行正常（灌水一次以上）灌溉的耕地面积。在同一亩耕地上，报告期内无论灌水几次，都应按一亩计算，而不应该按灌溉亩次计算。肩挑、人抬、马拉等进行抗旱点种的面积，不算实际灌溉面积。耕地实际灌溉面积不大于灌溉耕地面积。

蓝水：降落在天然水体和河流，以及通过土壤深层渗漏形成的地下水等，可以被人类潜在直接"抽取"加以利用的水量就是"蓝水"，即传统意义上的"水资源"概念。这部分水量由于是人类肉眼可见的水，所以被称之为"蓝水"，即上述的"地表水资源"和"地下水资源"之和。

绿水：天然降水中直接降落在森林、草地、农田、牧场和其他天然土地覆被、存储于土壤并被天然植被和人工生态系统直接蒸散消耗，形成生物量为人类提供食物和维持生态系统正常功能的水量。由于这部分的水量直接被天然和人工绿色植被以人类肉眼不可见的蒸散形式所消耗，所以被称之为"绿水"。

绿水流：天然降水通过降落到天然和人工生态系统表面，被土壤吸收而直接用于天然和人工生态系统实际蒸散的水量，被称为"绿水流"。

绿水库：天然降水进入土壤，除了一部分通过深层渗漏补给地下水外，储存在土壤里可以为天然和人工生态系统继续利用的土壤有效水量被称为"绿水库"。

广义农业水资源：是指农作物生长发育可以潜在利用的耕地有效降水资源（"绿水"）和耕地灌溉资源（"蓝水"）的总和。

广义农业水土资源匹配：是指一个地区单位耕地面积所占有的广义农业水资源量，是评价一个地区的耕地所享有的"蓝水"和"绿水"资源禀赋的衡量指标。

水土资源匹配：是指一个地区单位耕地面积所占有的水资源量，是评价一个地区的耕地所享有的"蓝水"资源禀赋的衡量指标。

蓝水贡献率：是指在作物形成生物量和经济产量所消耗的总蒸散量中，由灌溉"蓝水"而来的蒸散量占总蒸散量的百分数，也可称为灌溉贡献率。

绿水贡献率：是指在作物形成生物量和经济产量所消耗的总蒸散量中，由降水入渗形成的有效土壤水分"绿水"而来的蒸散量占总蒸散量的百分数，也可称为降水贡献率。

蓝水消耗率（耗水率）：是指流域或区域范围内，灌溉"蓝水"被作物以蒸散的形式消耗的水量与灌溉引水量之比。

绿水消耗率（耗水率）：是指流域或区域范围内，降落到耕地上的天然降水被作物以蒸散的形式消耗的水量与耕地降水量之比。

水分生产力：是指在流域或区域范围内，农业生产总量或总（净）产值与生产过程中消耗的总蒸散量之比。

（二）理论基础

在世界范围内，农业灌溉水量占全部用水量的 70% 左右，这个比例随不同国家的经济发展水平而有所变化；在中国，农业灌溉用水一般占总用水的 60%～70%，这个比例随着不同流域和时间而有所变化；尤其是随着经济的发展，其他部门用水量需求和实际用水量不断增加，农业灌溉用水在总用水量中的比重不断减少，但仍然是流域和区域尺度上最大的用水部门，所以，农业用水效率的研究主要集中于提高农业灌溉用水的效率上。实际上，支撑农作物生产和产量形成的不仅仅是灌溉水，还有降落在农田，被土壤吸纳储存后直接用于作物产量形成的天然降水，而这部分的水量在农业用水评价中一直处于被忽略的地位。

1994 年瑞典斯德哥尔摩国际水研究所的 Falkenmark 首次提出水资源评价中的"蓝水"和"绿水"概念的区分。传统的水资源概念指的是天然降水在地表形成径流，通过地下水补给进入河道，或者直接降落到河道中的水量，这部分水资源在传统的水资源评价中被认为是人类可以利用的"总的水资源量"。而"蓝水和绿水"概念的核心理念就是对这个传统的水资源量概念的扩展和修正，尤其是对农作物的生产和生态系统维持和保护来说，天然的总降水量才是所有水资源的来源，无论是进入河道、湖泊和内陆天然水体的地表水、通过土壤深层渗漏形成的地下水等可能被人类直接"抽取"利用的"蓝水"资源，还是降落到森林、草地、农田、牧场上直接被天然和人工生态系统利用的"绿水"资源（图 1-1）。

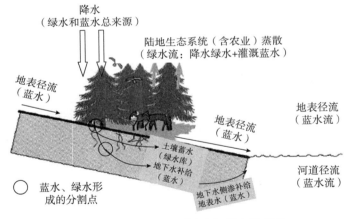

图 1-1　"绿水"和"蓝水"概念示意图
（根据 Rockstrom，1999）

"蓝水"和"绿水"的核心理念是：降落在天然水体和河流、通过土壤深层渗漏形成的地下水等可以被人类潜在直接地"抽取"加以利用的水量就是"蓝水"，即传统意义上的"水资源"的概念，这部分的水量由于是人类肉眼可见的水，所以被称之为"蓝水";天然降水中直接降落在森林、草地、农田、牧场和其他天然土地覆被上的可以被这些天然和人工生态系统直接利用消耗形成生物量,为人类提供食物和维持生态系统正常功能的水量就是"绿水"资源,由于这部分的水量直接被天然和人工绿色植被以人类肉眼不可见的蒸散形式所消耗,所以被称之为"绿水"。在"绿水"资源的概念里,包括"绿水流"和"绿水库":天然降水降落到天然和人工生态系统表面被土壤吸收而直接用于天然和人工生态系统的实际蒸散的水量被称为"绿水流";而天然降水进入土壤,除了一部分通过深层渗漏补给地下水外,储存在土壤里可以为天然和人工生态系统继续利用的土壤有效水量被称为"绿水库"。从"蓝水"和"绿水"资源的界定可以看出:后者的范围要远远大于前者。

(三)关键指标计算方法和流程

广义农业水资源是指农作物生长发育可以潜在利用的耕地有效降水"绿水"资源和耕地灌溉"蓝水"资源的总和。

根据定义,广义农业水资源(Broadly-defined Agricultural Water Resources,BAWR)包括两个分量:耕地灌溉"蓝水"和耕地有效降水"绿水"。计算公式如下:

$$Q_{gbw} = Q_{bw} + Q_{gw} \qquad (1)$$

式中,Q_{gbw} 是广义农业可用水资源总量(亿米³);Q_{bw} 是耕地灌溉"蓝水"资源量(亿米³);Q_{gw} 是耕地有效降水"绿水"资源量(亿米³)。

其中耕地灌溉"蓝水"资源量的估算方法是:

$$Q_{bw} = Q_{ag} \times p_{ir} \qquad (2)$$

式中,Q_{bw} 是耕地灌溉"蓝水"资源量(亿米³);Q_{ag} 是农业总用水量;p_{ir} 是耕地灌溉用水占农业总用水量的百分比(%)。

灌溉"蓝水"数据来源于《中国水资源公报》中报告的农

业用水量和农田灌溉量。农业用水量中不仅包括耕地灌溉量，还包括畜牧业用水量和农村生活用水量等农业其他部门的用水量。根据全国分省多年平均数据计算，耕地灌溉量一般占农业用水量的 90%～95%。

相比较耕地灌溉"蓝水"资源，耕地有效降水"绿水"资源的估算较为复杂。这主要是因为很难测量和计算降落在耕地上的天然降水及其形成的"绿水"资源量。本报告提出了一个简易方法匡算全国耕地的有效降水"绿水"资源量，主要原理如下：天然降水中降落到耕地的部分，除了有一部分形成地表径流补给河道、湖泊等水体外，其余部分则入渗到土壤中；入渗到土壤中的水量，其中一部分渗漏到深层补给地下水体或者侧渗补给地表水体。因此，耕地有效降水"绿水"估算的水平衡方程如下：

$$Q_{gw} = P_{cr} - R_{cr} - D_{cr} \qquad (3)$$

式中，Q_{gw} 是耕地有效降水"绿水"量（亿米³），P_{cr} 是耕地降水量（亿米³）；R_{cr} 是耕地径流量（亿米³）；D_{cr} 是耕地深层渗漏量（亿米³）。

该方程又可以称之为耕地有效降水量的估算方程。其中耕地降水的估算方程如下：

$$P_{cr} = P_t \times \frac{A_{cr}}{A_{ld}} \qquad (4)$$

式中，P_t 是降水总量（亿米³）；A_{cr} 是耕地面积（千公顷）；A_{ld} 是国土面积（千公顷）；A_{cr}/A_{ld} 是耕地面积占国土面积的百分比（%）。

该计算公式蕴含的假设是：假定天然降水均匀地降落在地表各种类型的土地利用和覆被方式上，包括耕地、林地、草地、荒地等，各种土地利用方式所接受的降水和它们各自占国土面积的百分比相当，耕地接受的降水量应该和耕地占国土面积的百分比相当。

在估算耕地径流量 R_{cr} 时，需要做如下假定。首先，假定耕地径流量和降水量的比例，即耕地径流系数，和水资源公报中报告的地表水资源量和降水量的比例相同；其次，在我国主要粮食主产区东北、华北和长江中下游平原，耕地相对平整，耕地径流基本上可以忽略不计。而在我国的丘陵地区，径流系数较大，需要计算耕地径流。

$$R_{cr} = P_{cr} \times \frac{IRWR_{surf}}{P_t} \tag{5}$$

式中，P_{cr} 是耕地降水量（亿米³）；$IRWR_{surf}$ 是水资源公报报告的地表水资源量（亿米³）；P_t 是水资源公报报告的总降水量（亿米³）。

耕地深层渗漏量 D_{cr} 的估算是采用分布式水文模型的计算结果。

$$D_{cr} = P_{cr} \times \frac{d_{cr}}{p_{cr}} \tag{6}$$

式中，d_{cr} 是水文模型计算的区域耕地深层渗漏量（亿米³）；p_{cr} 是水文模型计算的区域降水量（亿米³）。

具体的计算原理和过程，以及结果的验证见相关文献。

水土资源匹配是指单位耕地面积所享有的水资源量。但是，传统的水土资源匹配计算时的水资源量是指"蓝水"资源。这个指标的缺点是：用总的"蓝水"资源，即水资源公报中所报告的水资源总量和耕地面积匹配，而这部分水资源中只有其中一部分可以被农业利用。为了更确切地定量分析农业可以潜在利用的水量和耕地数量的匹配，本报告从广义农业可用水资源出发计算了广义农业水土资源匹配，计算公式如下：

$$D_{match} = \frac{Q_{gbrw}}{A_{cr}} \tag{7}$$

式中，D_{match} 是广义农业水土资源匹配（米³/公顷）；Q_{gbrw}

是广义农业可用水资源量（亿米^3）；A_{cr} 是耕地面积（千公顷）。

粮食生产耗水量是指粮食作物经济产量形成过程中消耗的实际蒸散量。水分生产力是指粮食作物单位耗水量（实际蒸散量）所形成的经济产量。

$$CWP_{bs} = \frac{Y_c}{ET_a} \tag{8}$$

式中，CWP_{bs} 是省域作物水分生产力（千克/米^3）；Y_c 是省域粮食作物产量（千克）；ET_a 是省域粮食作物产量形成过程中的耗水量，即实际蒸散量（米^3）。

与"广义农业可用水资源"概念相对应的还有下述主要概念：

"蓝水"消耗率（耗水率），是指流域或区域范围内，灌溉"蓝水"被作物以蒸腾蒸发的形式消耗的水量与灌溉引水量之比。

"绿水"消耗率（耗水率），是指流域或区域范围内，降落到耕地上的天然降水被作物以蒸腾蒸发的形式消耗的水量与耕地降水量之比。

"蓝水"贡献率，是指在流域或区域范围内，农业生产（种植、畜牧、水产）中消耗的总蒸散量中来源于"蓝水"的部分与总蒸散量之比。

"绿水"贡献率，是指在流域或区域范围内，农业生产（种植、畜牧、水产）中消耗的总蒸散量中来源于"绿水"的部分与总蒸散量之比。

水分生产力，是指在流域或区域范围内，农业生产总量或总（净）产值与生产过程中消耗的总蒸散量之比。

（四）农业用水公报相关计算流程

本报告计算流程主要分为 3 个阶段（图 1-2）。

　　首先，是数据收集和整理以及研究方案确定；其次是进行国家和区域尺度农田蓝水和绿水特征及作物水分生产力评价方法的完善，具体包括：基于流域的水文—作物建模计算（SWAT）和结果验证；第三是总结集成分析计算结果。

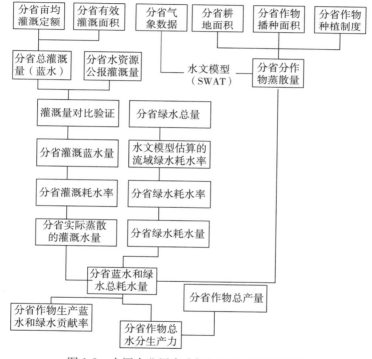

图 1-2　中国农业用水公报相关指标计算流程

　　首先，利用全国数字高程模型（DEM）、全国土地利用和覆被空间数据、全国土壤空间和属性数据、全国气象数据，在水文和作物模型 SWAT 中进行水文基本模拟、校验和验证，然后结合全国农作区划数据、全国农作物监测站点数据、全国灌溉站点监测数据，分流域、分省域进行对全国农作物生长和耗水计算，在模型率定和结果校验后得到分省分作物生长季的实际蒸散耗水量和产量，同时得到农作物生长季的水平衡各项。

其次，利用中国水资源公报中各省亩均灌溉定额以及分省有效灌溉面积，计算分省灌溉量，然后与分省水资源公报中的灌溉量进行比对验证，之后得到分省灌溉蓝水量，再根据中国水资源公报中报告的灌溉耗水率得到实际消耗的灌溉蓝水量。

第三，结合水文模型计算的流域和省域绿水耗水量，得到各省和全国的蓝水和绿水消耗总量，并结合作物产量，得到分省作物生产中蓝水和绿水的贡献率、消耗率、作物水分生产力。

二、广义农业水资源

（一）降水量和水资源量

1. 降水量

2016 年，全国年平均降水量 730.0 毫米，比多年平均偏多 13.6%，比 2015 年增加 10.5%。全国水资源总量 32 466.4 亿米³，比多年平均偏多 17.1%。其中，地表水资源量 31 273.9 亿米³，地下水资源量 8 854.8 亿米³，地下水资源与地表水资源不重复量 1 192.5 亿米³。

全国各地区降水量和水资源量具有明显差异。从水资源分区看，10 个水资源一级区降水量均比多年平均偏多，其中东南诸河区和西北诸河区分别偏多 35.5% 和 28.0%。与 2015 年比较，10 个水资源一级区降水量均有不同程度的增加，其中辽河区和西北诸河区分别增加 25.9% 和 21.2%。

2016年各水资源一级区降水量与2015年和多年平均比较，松花江比常年多3.8%，辽河比常年多10.6%，海河比常年多14.7%，黄河比常年多8.2%，淮河比常年多6.5%，长江比常年多10.9%，珠江比常年多17.7%，东南诸河比常年多35.5%，西南诸河比常年多3.4%，西北内陆河比常年多28.8%。

值得注意的是，在较为缺水的北方流域，如海河、黄河和西北内陆区，降水量比常年增加幅度大。从"蓝水"和"绿水"的观点看，降水量是评价农业可用水量的总的来源。因此，全国及各大流域降水量的增加是广义农业可用水量增加的基础。

从行政分区看，27个省（自治区、直辖市）降水量比多年平均偏多，其中福建、新疆、上海和江苏4个省（自治区、直辖市）偏多40%以上，四川、陕西、甘肃和山东4个省份偏少3%～6%。值得注意的是，13个粮食主产省份中，只有四川和山东的降水量比常年偏少，但幅度不大，不足以对两个省的广义农业可用水量产生明显影响。其他11个粮食主产省份的降水量均有不同程度的增加。其中增加幅度超过10%的省份有：河北（12.1%）、辽宁（11.4%）、吉林（20.0%）、江苏（41.8%）、江西（21.9%）、湖北（20.6%）和湖南（15.1%），黑龙江（5.8%）、河南（2.0%）和内蒙古（0.3%）增加幅度小于10%。

2. 地表和地下水资源量

2016年，全国地表水资源量31 273.9亿米^3，折合年径流深330.3毫米，比多年平均偏多17.1%，比2015年增加16.3%。

从水资源分区看，东南诸河区、西北诸河区、珠江区、长江区、淮河区和西南诸河区地表水资源量比多年平均偏多，其中东南诸河区、西北诸河区、珠江区分别偏多56.2%、

27.6% 和 25.6%，黄河区、辽河区、海河区和松花江区地表水资源量比多年平均偏少，其中黄河区偏少 21.3%。

从行政分区看，18 个省（自治区、直辖市）地表水资源量比多年平均偏多，其中江苏、上海、安徽和福建分别偏多 128.7%、116.4%、80.8% 和 78.7%；贵州与多年平均基本持平。12 个省（自治区、直辖市）地表水资源量比多年平均偏少，其中山东、甘肃、陕西和内蒙古 4 个省（自治区）偏少 30% 以上。在 13 个粮食主产省份中，江苏、安徽、湖北、江西、湖南、吉林、黑龙江 7 省的地表水资源量比多年平均值偏多，辽宁、四川、河北、河南、内蒙古、山东 6 省（自治区）比多年平均值偏少。

2016 年，全国地下水资源量（矿化度≤2 克/升）8 854.8 亿米³，比多年平均偏多 9.8%，其中，平原区地下水资源量 1 928.1 亿米³，山丘区地下水资源量 7 252.4 亿米³，平原区与山丘区之间的重复计算量 325.7 亿米³。全国平原浅层地下水总补给量 2 008.8 亿米³，南方 4 区（长江、珠江、东南诸河、西南诸河）平原浅层地下水计算面积占全国平原区面积的 9%，地下水总补给量 385.0 亿米³；北方 6 区计算面积占 91%，地下水总补给量 1 623.8 亿米³，其中，松花江区地下水补给量 270.6 亿米³，辽河区 136.3 亿米³，海河区 195.6 亿米³，黄河区 161.8 亿米³，淮河区 333.9 亿米³，西北诸河区 525.6 亿米³。

3. 水资源总量

2016 年，全国水资源总量为 32 466.4 亿米³，比多年平均偏多 17.1%，比 2015 年增加 16.1%。其中，地表水资源量 31 273.9 亿米³，地下水资源量 8 854.8 亿米³，地下水与地表水资源不重复量为 1 192.5 亿米³。全国水资源总量占降水总量 47.3%，平均单位面积产水量为 34.3 万米³/千米²。

在全国 13 个粮食主产省份中，江苏、安徽、湖北、江西、湖南、吉林的水资源量比常年平均偏高 20%～120%，黑龙江、河北的水资源量比常年平均偏高不到 5%。辽宁、四川、河南、内蒙古、山东比常年平均偏低 5%～25%。

（二）部门用水分配

1. 各部门用水量和用水占比

2016 年，全国总用水量为 6 040.2 亿米^3。其中，生活用水 821.6 亿米^3，占总用水量的 13.6%；工业用水 1 307.8 亿米^3，占总用水量的 21.6%；农业用水 3 767.8 亿米^3，占总用水量的 62.4%；人工生态环境补水 142.61 亿米^3，占总用水量的 2.4%。与 2015 年相比，用水总量减少 63.0 亿米^3，其中，农业用水量减少 84.5 亿米^3，工业用水量减少 27.0 亿米^3，生活用水量及人工生态环境补水量分别增加 28.0 亿米^{3}和 20.3 亿米^3。

在全国 13 个粮食主产省份中，湖北（－13.3%）、河北（－5.3%）、辽宁（－4.4%）、江苏（－3.0%）、山东（－1.3%）、四川（－0.5%）、内蒙古（－0.7%）、河南（－0.2%）、湖南（－0.1%)9 省份的农业用水量比 2015 年有所下降，但除江西外，总体上下降幅度并不大；吉林（1.0%）、黑龙江（0.4%）、安徽（0.7%）、江西（0.1%）4 省的农业用水量增加。

2. 农业用水量和农业用水占比

农业用水占总用水量 75% 以上的有新疆、西藏、宁夏、黑龙江、甘肃、青海 6 个省份，工业用水占总用水量 35% 以上的有上海、江苏、重庆和福建 4 省份，生活用水占总用水量 20% 以上的有北京、天津、重庆、浙江、上海和广东 6 个省份。

2016 年，全国农业用水占总用水量的 62.4%，仍然是最大的用水部门。其中，上海（13.8%）和北京（17.0%）都低于 25%；重庆（32.9%）、天津（44.1%）、福建（44.5%）、浙江（44.7%）、江苏（46.9%）、湖北（48.6%）在 25%～50% 之间。而农业用水占比超过 75% 的省份有：黑龙江（89.0%）、甘肃（80.0%）、宁夏（86.7%）、青海（75.4%）、新疆（94.3%）、西藏（86.5%）。其他省份都位于 50%～75% 之间。

3. 灌溉面积和节水灌溉面积

2016 年，全国灌溉耕地面积 73 176.9 千公顷，占耕地总面积的 54.24%，比 2015 年增加 1 116.14 千公顷，增长 1.5%。其中，农田有效灌溉面积 67 140.6 千公顷，占灌溉耕地总面积的 91.75%，比 2015 年增加了 1 267.97 千公顷，增幅 1.9%；林地灌溉面积 2 388.4 千公顷，占灌溉耕地总面积的 3.26%，比 2015 年增加了 177.31 千公顷，增幅 8.0%；果园灌溉面积 2 571.9 千公顷，占灌溉总面积的 3.51%，比 2015 年增加 138.51 千公顷，增幅 5.7%；牧草灌溉面积 1 076.0 千公顷，占灌溉总面积的 1.47%，比 2015 年减少 2.32 千公顷，减幅 0.2%。2016 年的耕地实灌面积 58 106.96 千公顷，占耕地有效灌溉面积的 86.5%。

在 13 个粮食主产省份中，河北（92.78%）、黑龙江（99.65%）、吉林（98.42%）、辽宁（91.88%）、河南（97.7%）、江苏（93.78%）、安徽（98.10%）、江西（96.17%）、湖北（93.87%）、湖南（97.01%）、四川（92.18%）的农田灌溉占总灌溉面积的比例都在 90% 以上；山东（89.91%）、内蒙古（83.8%）都低于 90%。其中内蒙古主要是因为牧草灌溉比例较大，而山东主要是果园灌溉比例较大。上述比例与 2015 年相比变化不大。

在灌溉面积中，采用节水灌溉的面积不断增长。2016 年，全国节水灌溉面积达到 32 652.0 千公顷，比 2015 年增加 1 591.51 千公顷，增幅 5.12%。其中低压管灌的增加面积最大，增加9 241.2千公顷，比2015年增加640.7千公顷，增幅3.70%；与2015年不同的是，2016年微灌增幅最大，总面积达到5 836.8千公顷，增幅10.89%。喷滴灌比2015年增加8.58%。2016年，全国节水灌溉占总灌溉面积的百分比达到了44.62%，比2015年提高了1.5个百分点，节水灌溉比例进一步提高。

在13个粮食主产省份中，内蒙古（70.59%）、河北（68.98%）、江苏（56.04%）、四川（53.72%）、山东（53.12%）、辽宁（51.64%）的节水灌溉占比都超过50%（与2015年相比，节水灌溉比例都继续稳步增加，其中辽宁首次超过50%）；吉林（36.99%）、河南（33.71%）、黑龙江（33.18%）都高于30%（与2015年相比，黑龙江提高了将近3个百分点）；安徽（20.86%）、江西（24.79%）大于20%；湖北（13.17%）、湖南（11.09%）最低，只略高于10%。

从采用的节水灌溉方式来看，在全国节水灌溉面积中，采用低压管灌的面积占灌溉总面积的28.30%，比2015年略有降低；采用微灌的占17.88%，提高将近1个百分点；采用喷滴灌的占12.46%，略有提高。13个粮食主产省份中的节水灌溉大省（面积比例），内蒙古3种节水灌溉方式平分秋色，河北的低压管灌占绝对优势，江苏、四川和山东采用的主要是低压管灌技术。其他主产省份中，吉林的喷滴灌占优势，河南低压管灌占绝对优势，黑龙江喷滴灌占绝对优势。而淮河长江流域的安徽、江西、湖南主要是渠道衬砌，湖北则主要采用低压管灌和喷滴灌方式。

4. 农田灌溉量和占农业用水的比例

农田亩均实灌量乘以农田实际灌溉面积就得到农田的实际灌溉量。2016年，全国农田灌溉量为3 312.1亿米³，占农业用水量的86.0%。无论灌溉量还是占农业用水量的百分比都略有下降。这与本年度的降水量和水资源量相对丰沛有关。在 13 个粮食主产省份中，湖南（98.2％）、黑龙江（96.2％）、安徽（94.5％）、江西（94.3％）、河北（94.2％）、内蒙古（92.5％）、湖北（89.3％）、辽宁（88.7％）、河南（88.2％）、江苏（87.7％）、山东（86.1％）、四川（85.4％）、吉林（70.4％）的农田灌溉量占农业用水的百分比都较高。

（三）广义农业水资源

根据本报告采用的"蓝水"和"绿水"的观点及其概念和定义，广义农业水资源包括耕地灌溉的"蓝水"和降落在耕地上的"绿水"两个分量。耕地的有效降水量受到耕地面积、降水量、径流量和渗漏量年际变化的影响。耕地灌溉量受到每年有效实际灌溉面积和亩均实际灌溉量年际变化的影响。因此，为了剔除上述影响因素，要归一化广义农业水资源量，不仅仅要计算广义水资源量的绝对数，更重要的是要考察广义农业水资源量折合在耕地上的水深。

1. 广义农业水资源量

2016 年，全国广义农业水资源量为 8 281.0 亿米³，比多年平均值（1998—2015 年）偏多 351.6 亿米³，偏多 4.43％，比 2015 年高 43.6 亿米³，多 0.53％。但以水深为衡量标准的广义农业水资源量，全国为 970.1 毫米，比多年平均值（1998—2015 年）偏少了 49.9 毫米，偏少 4.89％；比 2015 年增加 2.1 毫米，多 0.21％。其中耕地有效降水量 4 952.2 亿米³，比 2015 年增加 139.2 亿米³，增幅 2.89％；比多年平均偏多 373.4 亿米³，偏多 8.15％。耕地灌溉量 3 328.8 亿米³，比 2015 年减少 95.5 亿米³，减幅 2.79％；比多年平均减少 21.7 亿米³，减幅 0.65％。以水深衡量，2016 年，耕地有效降水深 400.1 毫米，比 2015 年增加 23.1 毫米，增幅 6.11％；比多年平均偏多 9.1 毫米，偏多 2.54％。耕地灌溉量 570 毫米，比2015年减少21毫米，减幅3.55%；比多年平均偏少89.5毫米，偏少13.57%。

2016年，河北耕地的降水量和降水深都比多年平均偏多，降水量比多年偏多320.5亿米³，偏多28.18%，降水深偏多47.4毫米，偏多14.79%。而其耕地灌溉量比多年平均偏少20.91亿米³，偏少14.78%，灌溉深比多年平均偏多4.2毫米，偏多1.30%。内蒙古耕地降水量比多年平均偏多37.72亿米³，偏多29.86%，降水深比多年平均偏多18.3毫米，偏多11.51%；内蒙古耕地灌溉量比多年平均偏多1.18亿米³，偏多0.92%；耕地灌溉深比多年平均偏少37.1毫米，偏少7.05%。河南、山东、辽宁、江苏、江西的耕地降水量与灌溉量，无论是体积总量还是水深，都符合"此消彼长"的一般性规律。其他省份也基本符合这个规律。

2. 耕地上广义农业水资源中"绿水"和"蓝水"比例

耕地有效降水和耕地灌溉占广义农业水资源的百分比可以反映全国耕地上"绿水"和"蓝水"的相对比例，是衡量一个地区对"绿水"和"蓝水"相对依赖程度的重要指标。2016年，全国耕地有效降水占广义农业水资源量的59.8%，比2015年提高1.4个百分点；耕地灌溉占广义农业水资源的41.6%，比2015年下降1.4个百分点。

2016年，大部分粮食主产省份的耕地"绿水"比例都要超过耕地"蓝水"比例。如果按照"绿水"占比降序排序，吉林（"绿水"79.0%/"蓝水"21.0%）、河南（76.6%/23.4%）、辽宁（71.6%/28.4%）、山东（71.2%/28.8%）的"绿水"占比都超过70%；安徽（67.2%/32.8%）、河北（66.6%/33.46%）、湖北（65.0%/35.0%）、四川（60.2%/39.8%）都超过了60%；黑龙江（59.3%/40.7%）、内蒙古（56.0%/44.0%）、江苏（51.7%/48.3%）都超过了50%；只有江西（49.5%/50.5%）、湖南（48.4%/51.6%）低

于 50%。

3. 灌溉耕地上广义农业水资源中"绿水"和"蓝水"比例

灌溉耕地对我国粮食生产贡献起到绝对重要的作用，因此有必要考察灌溉耕地上广义农业水资源中"绿水"和"蓝水"的相对比例。

2016 年，全国灌溉耕地上的广义农业水资源中，耕地降水占 41.2%，比 2015 年提高了 2.2 个百分点，耕地灌溉占 58.8%，比 2015 年下降了 2.2 个百分点。在 13 个粮食主产省份中，内蒙古（"绿水" 34.7%/"蓝水" 65.3%）耕地灌溉超过了 60%；黑龙江（40.1%/59.9%）、四川（42.6%/57.4%）、辽宁（49.0%/51.0%）、吉林（49.0%/51.0%）、湖南（45.2%/54.8%）均超过 50%；湖北（56.9%/43.1%）、江西（55.0%/45.0%）、江苏（57.0%/43.0%）都超过 40%；河北（62.4%/37.6%）、安徽（64.6%/35.4%）、河南（72.4%/27.6%）、山东（69.1%/30.9%）都在 30% 以上。

（四）广义农业水土资源匹配

水土资源的匹配程度是衡量一个区域耕地面积及其可用的水资源之间的关系，也可以说是这个地区可以承载的灌溉耕地数量的指标。所以传统上都用该地区的水资源量（"蓝水"）除以该区的耕地面积。但从"蓝水"和"绿水"的角度衡量，该区耕地可用的广义农业水资源是这个地区的"绿水"和"蓝水"总量所能承载的耕地数量的重要指标，所以本报告除了计算传统的"蓝水"观点的"水土资源匹配程度"外，还计算了"广义农业水土资源匹配"（表 2-1）。

表 2-1 2016 年全国分省耕地广义农业水土资源匹配

项目	耕地面积 （千公顷）	耕地比例 （%）	水资源总量 （亿米³）	水资源总量比例 （%）	耕地灌溉水 资源（亿米³）	耕地灌溉水资源 比例（%）	广义农业水 资源（亿米³）	广义农业水资源 比例（%）
全国	134 920.8	100	32 466.4	100	3 328.8	100	8 281.0	100
北京	216.3	0.16	35.1	0.11	3.7	0.11	12.2	0.15
天津	436.9	0.32	18.9	0.06	9.8	0.29	24.8	0.30
河北	6 520.5	4.83	208.3	0.64	120.5	3.62	360.4	4.35
山西	4 056.8	3.01	134.1	0.41	41.4	1.24	195.9	2.37
内蒙古	9 257.9	6.86	426.5	1.31	128.7	3.87	292.7	3.53
河南	8 111.0	6.01	337.3	1.04	110.7	3.33	472.6	5.71
山东	7 606.9	5.64	220.3	0.68	121.8	3.66	423.2	5.11
辽宁	4 974.5	3.69	331.6	1.02	75.3	2.26	264.8	3.20
吉林	6 993.4	5.18	488.8	1.51	64.1	1.93	305.7	3.69
黑龙江	15 850.1	11.75	843.7	2.60	301.6	9.06	740.4	8.94
上海	190.7	0.14	61	0.19	12.5	0.38	22.0	0.27
江苏	4 571.1	3.39	741.7	2.28	237.3	7.13	491.7	5.94
浙江	1 974.7	1.46	1 323	4.07	70.6	2.12	163.9	1.98
安徽	5 867.5	4.35	1 245.2	3.84	149.8	4.50	456.8	5.52
福建	1 336.3	0.99	2 109	6.50	74.5	2.24	147.6	1.78

（续）

项目	耕地面积（千公顷）	耕地比例（%）	水资源总量（亿米³）	水资源总量比例（%）	耕地灌溉水资源（亿米³）	耕地灌溉水资源比例（%）	广义农业水资源（亿米³）	广义农业水资源比例（%）
江西	3 082.2	2.28	2 221.1	6.84	145.3	4.37	287.6	3.47
湖北	5 245.3	3.89	1 498	4.61	122.2	3.67	348.9	4.21
湖南	4 148.7	3.07	2 196.6	6.77	191.4	5.75	371.1	4.48
广东	2 607.6	1.93	2 458.6	7.57	184.7	5.55	358.7	4.33
海南	722.7	0.54	489.9	1.51	31.4	0.94	76.6	0.93
重庆	2 382.5	1.77	604.9	1.86	21.1	0.63	102.8	1.24
四川	6 732.9	4.99	2 340.9	7.21	133.1	4.00	334.2	4.04
贵州	4 530.2	3.36	1 066.1	3.28	53.7	1.61	241.7	2.92
云南	6 207.8	4.60	2 088.9	6.43	90.4	2.72	408.3	4.93
西藏	444.6	0.33	4 642.2	14.30	20.0	0.60	26.8	0.32
广西	4 395.1	3.26	2 178.6	6.71	177.3	5.33	390.6	4.72
陕西	3 989.5	2.96	271.5	0.84	44.2	1.33	181.6	2.19
甘肃	5 372.4	3.98	168.4	0.52	85.8	2.58	177.5	2.14
青海	589.4	0.44	612.7	1.89	15.3	0.46	24.2	0.29
宁夏	1 288.8	0.96	9.6	0.03	50.7	1.52	76.2	0.92
新疆	5 216.5	3.87	1 093.4	3.37	440.0	13.22	499.2	6.03

1. 传统水土资源匹配

如果用耕地面积和水资源量的水土资源匹配衡量，位于北方缺水流域的粮食主产省份均严重失衡，而位于南方丰水流域的主产省份水土资源匹配程度较高（图 2-1）。河北用占全国 0.64% 的水资源养活了占全国 4.83% 的耕地，水土比只有 0.13（水土比＝水资源占比/耕地占比）；类似地，山东用占全国 0.68% 的水资源养活了占全国 5.64% 的耕地，水土比仅有 0.12；河南（0.17）、内蒙古（0.19）、黑龙江（0.22）、辽宁（0.28）、吉林（0.29）都低于 0.5；江苏（0.67）、安徽（0.88）低于 1.0；湖北（1.19）、四川（1.44）、湖南（2.20）、江西（2.99）都高于 1.0。

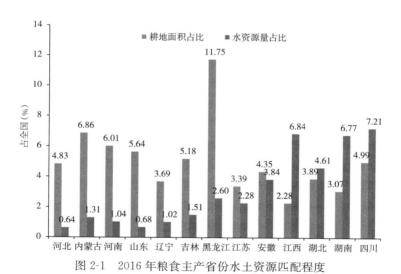

图 2-1　2016 年粮食主产省份水土资源匹配程度
（耕地占全国百分比和水资源量占全国百分比）

2. 广义农业水土资源匹配

从广义农业水土资源匹配的角度看，计算每单位耕地上的广义农业水资源量更能够体现各地区农业水土资源匹配的禀赋状况。

在考虑耕地降落"绿水"的因素后，粮食主产省份的水土资源匹配图发生了明显的变化（图 2-2）。河北用占全国 4.35％的广义农业水资源支撑了占全国 4.83％的耕地，广义水土比（广义水土比＝广义农业水资源占比/耕地占比）达到了 0.90，远远高于传统水土比的 0.13；类似地，山东的广义水土比达到 0.91，也大大高于传统水土比 0.12。而其他传统水土比较低的省份，广义水土比也有大幅度提升，如河南（传统水土比 0.95：0.17）、辽宁（0.87：0.28）、吉林（0.71：0.29）、黑龙江（0.76：0.22）、内蒙古（0.52：0.19）基本上都超过 0.50。而传统水土比在 0.5 以上的江苏（1.75：0.67）、安徽（1.27：0.88）有所上升，而湖北（1.08：1.19）、四川（0.81：1.44）、湖南（1.46：2.20）、江西（1.52：2.99）都有所下降。

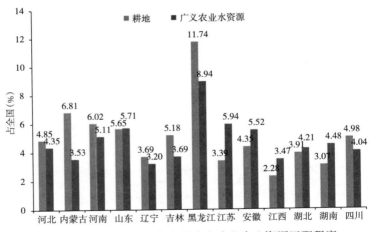

图 2-2　2015 年粮食主产省份广义农业水土资源匹配程度
（耕地占全国百分比和广义农业水资源量占全国百分比）

三、粮食生产与耗水

（一）粮食播种面积与产量

1. 粮食总播种面积、总产和种植结构

2016 年，全国粮食作物播种面积 113 034.5 千公顷，比 2015 年减少 308.5 千公顷，粮食总产 61 625.0 万吨，比 2015 年减产 518.9 万吨，减幅 0.83%。

在 2016 年的全国农作物种植面积中，粮食作物占 71.42%。其中粮食作物主要包括谷物（61.52%）、豆类（5.56%）和薯类（4.34%）三大类。其中谷物主要包括：水稻（18.42%）、小麦（14.79%）、玉米（26.46%）、谷子（0.51%）、高粱（0.28%）和其他谷物（1.05%）。豆类中包括大豆（4.55%）和杂豆（1.01%）。薯类主要是马铃薯（2.88%）。水稻、小麦、玉米和大豆的播种结构总和占粮食作物播种面积的 89.9%，近似 90.0%，因此，本报告主要报告这四大作物的生产用水和耗水情况。

2. 四大粮食作物播种面积和总产

2016 年，全国水稻播种面积 30 177.3 千公顷，比 2015 年减少 28.4 千公顷，减幅 0.1%；水稻总产 20 644.93 万吨，比 2015 年减产 177.6 万吨，减幅 0.9%；水稻单产 6.84 吨/公顷，比 2015 年下降 0.1 吨/公顷，减幅 0.8%。水稻播种面积连续第三年下降，因此，2016 年，水稻播种面积、总产和单产出现三下降的局面。

全国小麦播种面积 24 187.0 千公顷，比 2015 年增加 45.4 千公顷，增幅 0.2%；小麦总产 12 884.7 万吨，比 2015 年减

产 133.8 万吨，减幅 1.0%；小麦单产 5.33 吨/公顷，比 2015
年减少 0.1 吨/公顷，减幅 1.2%。小麦播种面积增加，但总
产单产双下降。

全国玉米播种面积 36 767.7 千公顷，比 2015 年减少
1 351.8 千公顷，减幅 3.5%；玉米总产 21 955.4 万吨，比
2015 年减少 964.5 万吨，减幅 4.2%；玉米单产 5.97 吨/公
顷，比 2015 年降低 0.04 吨/公顷，减幅 0.69%。

全国大豆播种面积 6 506.3 千公顷，比 2015 年增加 696.0
千公顷，增幅 10.7%；大豆总产 1 293.6 万吨，比 2015 年增
产 35.7 万吨，增幅 2.8%；大豆单产 1.80 吨/公顷，比 2015
年降低 0.14 吨/公顷，减幅 7.1%。

2016 年，全国四大粮食作物总播种面积 98 334.3 千公顷，
总产 56 841.5 万吨，单产 5.78 吨/公顷，分别比 2015 年减少
638.8 千公顷，641.5 万吨，0.03 吨/公顷，降幅分别为
0.6%，1.1%，0.5%。

2015 年，13 个粮食主产省份中，有如下值得注意的变化。

小麦：河北省的小麦播种面积继续压减了 5.0 千公顷，小
麦总产减少了 1.7 万吨，单产增加了 0.01 吨/公顷，分别比
2015 年降低 0.2%，降低 0.1%，增加 0.1%。河北小麦已经
是连续第四年压减面积，但是之前三年面积减少，产量并未减
少，2016 年面积减少，产量也略有下降。

大豆：东北三省的大豆播种面积和总产都有明显的提高。
辽宁大豆播种面积增加 25.3 千公顷，增幅 23.6%，大豆增产
4.2 万吨，增幅 17.5%。吉林大豆播种面积增加 38.7 千公顷，
增幅 24.0%，增产 10.9 万吨，增幅 37.6%。黑龙江大豆播种
面积增加 483.3 千公顷，增幅 20.13%，增产 75.2 万吨，增
幅 17.55%。

水稻：黑龙江的水稻播种面积、总产和单产在经历了
2015 年的三下降后，三项指标重新回升。播种面积增加了

55.5千公顷，增幅1.76%，增产55.6万吨，增幅2.53%，单产提高0.05吨/公顷，增幅0.75%。

玉米：河北省的玉米播种面积比2015年压减了57千公顷，减幅1.8%，但却增产83.2万吨，增幅5.0%，单产提高了0.35吨/公顷，增幅6.8%。内蒙古、河南的玉米播种面积和增产均有所调减。黑龙江调减力度最大，玉米播种面积调减603.7千公顷，减幅10.37%，减产416.7万吨，减幅11.76%，单产也下降了1.54%。

3. 粮食作物播种面积结构

2016年四大粮食作物的内部播种结构是：水稻30.7%、小麦24.6%、玉米37.4%、大豆7.32%。水稻和小麦的播种面积比例分别比2015年增加了0.2个百分点，玉米下降了1.1个百分点，大豆提高了0.75个百分点。四大粮食作物内部结构的基本格局未变。

（二）粮食总产与耗水量

植物叶片表面的气孔在吸收CO_2的同时散发出水汽（蒸腾），植物同化二氧化碳，从而形成生物量和经济产量。作物生产过程中，不仅有植物的蒸腾，还有土面的蒸发，蒸发加蒸腾称之为蒸散量，这部分水分由于作物产量（生物量）的形成而不可恢复地消耗，所以是作物生产中的耗水。作物的产量与蒸散耗水量之间存在正相关关系。

2016年，全国四大粮食作物总产59 155.2万吨，比2015年增产1 575.5万吨，增产2.7%，四大粮食作物总耗水量5 639.2亿米^3，比2015年增加123.9亿米^3，增幅2.2%。值得注意的是，随着粮食增产，一般来说，耗水量也应该相应增加。但粮食总耗水量还与粮食种植和生产的结构有关。由于光合同化二氧化碳的路径不同，在四大粮食作物中，水稻、小麦和大豆属于C_3作物，玉米属于C_4作物，从光合同化二氧化碳的水分生产力来说，C_4 作物高于 C_3 作物。

（三）灌溉水与降水贡献率

如上文所述，"绿水"贡献率是指在流域或区域范围内，农业生产（种植、畜牧、水产）中消耗的总蒸散量中来源于"绿水"的部分与总蒸散量之比。"蓝水"贡献率是指在流域或区域范围内，农业生产（种植、畜牧、水产）中消耗的总蒸散量中来源于"蓝水"的部分与总蒸散量之比。

本报告计算了全国四大粮食作物（水稻、玉米、小麦、大豆）产量中"绿水"和"蓝水"的贡献率。1998—2015 年平均值显示，全国粮食生产中，"绿水"贡献率为 59.2%，"蓝水"贡献率为 40.8%，即"绿水"贡献约六成，"蓝水"贡献约四成。

2016 年全国分省粮食生产中"蓝水"和"绿水"贡献率的计算结果显示：大部分省份的"绿水"贡献率都超过了 50%，只有少数省份的"蓝水"贡献率超出"绿水"贡献率，如新疆、上海、宁夏、青海、广东、北京、西藏和甘肃（图 3-1）。这些省份主要分布于西北地区（新疆、宁夏、青海和甘肃），但华北（北京）、东南（上海、广东）和西南（西藏）也分布有个别省份。

（四）粮食生产中"绿水"和"蓝水"的耗水率

"蓝水"消耗率（耗水率），是指流域或区域范围内，灌溉"蓝水"被作物以蒸腾蒸发的形式消耗的水量与灌溉引水量之比。

"绿水"消耗率（耗水率），是指流域或区域范围内，降落到耕地上的天然降水被作物以蒸腾蒸发的形式消耗的水量与耕地降水量之比。

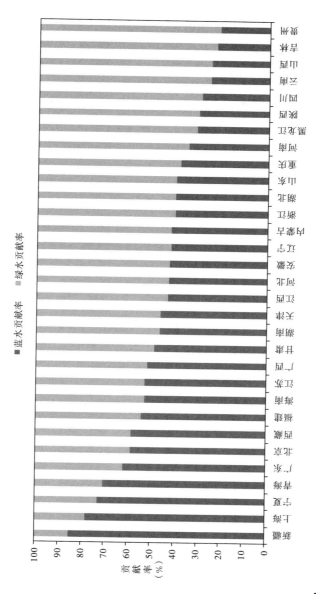

图3-1 全国分省粮食生产中"绿水"和"蓝水"的贡献率（2016年）

全国分省计算结果表明，粮食生产中的"蓝水"耗水率普遍高于"绿水"耗水率，说明从区域和流域尺度上看，灌溉水的实际消耗，或者说灌溉水实际消耗于粮食生产与灌溉取水量的比值在大部分省份都已达到较高水平。粮食主产省的"蓝水"耗水率普遍较高，如河北、内蒙古、山东、河南的"蓝水"消耗率已经超过 0.70，而辽宁、吉林、黑龙江已经接近 0.70；长江下游—淮河流域的江苏和安徽两省的"蓝水"消耗率都超过 0.60，而长江中下游的江西、湖北和湖南三省都超过或达到了 0.50。

"绿水"消耗较高的省份有：宁夏（0.77）、新疆（0.75）、内蒙古（0.72）、黑龙江（0.63）、甘肃（0.58）。其他粮食主产省份基本上都超过了 0.3，说明与"蓝水"消耗率相比，全国绝大部分省份，包括粮食主产省份的"绿水"消耗率还有较大的提升空间。

（五）四大粮食作物耗水量

2016 年，全国四大粮食作物中（水稻、小麦、玉米、大豆），水稻耗水量 2 578.1 亿米^3，占总耗水量的 47.6%；小麦耗水量 1 141.7 亿米^3，占 21.1%；玉米耗水量 1 469.1 亿米^3，占 27.1%；大豆耗水量 232.3 亿米^3，占 4.3%（表 3-1）。

表 3-1　2016 年全国主要粮食作物耗水量、耗水比例、产量和产量比例

作物	水稻	小麦	玉米	大豆
耗水量（亿米^3）	2 578.1	1 141.7	1 469.1	232.3
耗水比例（%）	47.6	21.1	27.1	4.3
产量（万吨）	20 707.8	12 884.7	21 955.4	1 293.6
产量比例（%）	36.4	22.7	38.6	2.3

2016 年，全国水稻总产 20 707.8 万吨，占四大粮食作物总产量的 36.4%；小麦总产 12 884.7 万吨，占 22.7%；玉米总产

21 955.4 万吨,占 38.6%;大豆总产 1 293.6 万吨,占 2.3%。

四、作物水分生产力

（一）主要粮食作物水分生产力

1. 总水分生产力

2016 年，全国四大粮食作物总水分生产力为 1.049 千克/米³，比 2015 年提高 0.005 千克/米³，提高 0.43%。13 个粮食主产省份中，河北水分生产力为 1.429 千克/米³，比 2015 年提高 6.8%；内蒙古 0.926 千克/米³，比 2015 年提高 0.5%；河南 2.219 千克/米³，比 2015 年降低 2.1%；山东 1.779 千克/米³，比 2015 年降低 2.9%；辽宁 1.191 千克/米³，比 2015 年提高 6.0%；吉林 1.330 千克/米³，比 2015 年提高 3.7%；黑龙江 0.768 千克/米³，比 2015 年降低 1.74%；江苏 1.098 千克/米³，比 2015 年降低 6.44%；安徽 1.431 千克/米³，比 2015 年降低了 5.22%；江西 1.088 千克/米³，比 2015 年降低 0.39%；湖北 1.127 千克/米³，比 2015 年提高 1.75%；湖南 1.304 千克/米³，比 2015 年提高 7.08%；四川 1.107 千克/米³，比 2015 年提高 2.97%。

2. 水稻的水分生产力

2016 年，全国水稻水分生产力为 0.803 千克/米³，比 2015 年提高 0.005 千克/米³，提高 0.651%。

在 13 个粮食主产省份中的南方稻区，江苏的水稻水分生产力为 0.975 千克/米³，安徽为 1.081 千克/米³，江西为 1.090 千克/米³，湖北为 1.097 千克/米³，湖南为 1.272 千克/米³，四川为 0.998 千克/米³。除了南方六省，东北也是优质水稻的主要产区，尤其是黑龙江省的水稻面积，近几年由于市场需求增加，播种面积和产量不断增加。东三省中，辽宁的水稻水分生产力为 0.727 千克/米³，吉林为 0.674 千克/米³，黑龙江为 0.553 千克/米³。

3. 小麦的水分生产力

2016 年，全国小麦水分生产力为 1.129 千克/米³，比 2015 年降低 0.007 千克/米³，降低 0.64%。

在 13 个粮食主产省份中，河北、河南和山东都是重要的小麦产区。河北小麦水分生产力为 1.301 千克/米³，河南为 1.269 千克/米³，山东为 1.811 千克/米³。其他小麦播种比重较大的主产省份有江苏（1.451 千克/米³）、安徽（1.974 千克/米³）、湖北（1.306 千克/米³）、四川（1.225 千克/米³）。

4. 玉米的水分生产力

2016 年，全国玉米水分生产力为 1.794 千克/米³，比 2015 年降低 0.01 千克/米³，降低 0.55%。

在 13 个粮食主产省份中，吉林玉米水分生产力为 2.166 千克/米³，黑龙江为 1.676 千克/米³，辽宁为 1.814 千克/米³，内蒙古为 1.887 千克/米³，河北为 1.555 千克/米³，河南为 1.490 千克/米³，山东为 1.541 千克/米³，江苏为 1.472 千克/米³，安徽为 1.474 千克/米³，四川为 1.588 千克/米³。

5. 大豆的水分生产力

2016 年，全国大豆水分生产力为 0.605 千克/米³，比 2015 年降低 0.048 千克/米³，降低 8.00%。

在 13 个粮食主产省份中，黑龙江的大豆水分生产力为 0.502 千克/米³，内蒙古为 0.454 千克/米³。

（二）主要蔬菜水分生产力

1. 蔬菜主要种植区分布和蔬菜分类

我国各省均有蔬菜种植，每年蔬菜种植面积约在 3 亿亩左右，种植区域划分为：华南与长江中上游冬春蔬菜区、黄土高原与云贵高原夏秋蔬菜区、黄淮海与环渤海设施蔬菜区、东南与东北沿海出口蔬菜区、西北内陆出口蔬菜区。全国种植面积大于50万公顷的省份有：山东、河南、江苏、四川、河北、湖北、湖南、广西、安徽、福建、云南、浙江、贵州、重庆和江西15个省份，占全国种植面积的83.6%。

蔬菜品种分类是根据蔬菜栽培、育种和利用等的需要，对种类繁多的蔬菜作物进行归类和排列。常用的蔬菜品种分类方法有植物学分类、农业生物学分类、食用器官分类等。

（1）按植物学分类：中国栽培的蔬菜有35科180多种。

（2）按农业生物学分类：以蔬菜的农业生物学特性包括产品器官的形成特性和繁殖特性进行分类，将蔬菜分为11类。①根菜类：包括萝卜、胡萝卜、大头菜等，以其膨大的直根为食用部分。②白菜类：包括白菜、芥菜及甘蓝等，以柔嫩的叶丛或叶球为食用器官。③绿叶蔬菜：以其幼嫩的绿叶或嫩茎为食用器官的蔬菜，如莴苣、芹菜、菠菜、茼蒿、苋菜、蕹菜等。④葱蒜类：包括洋葱、大蒜、大葱、韭菜等，叶鞘基部能膨大而形成鳞茎，所以也叫做"鳞茎类"。⑤茄果类：包括茄子、番茄及辣椒，同属茄科，在生物学特性和栽培技术上都很相似。⑥瓜类：包括南瓜、黄瓜、西瓜、甜瓜、瓠瓜、冬瓜、丝瓜、苦瓜等，茎为蔓性，雌雄同株异花。⑦豆类：包括菜豆、豇豆、毛豆、刀豆、扁豆、豌豆及蚕豆，大都食用其新鲜的种子及豆荚。⑧薯芋类：包括一些地下根及地下茎的蔬菜，如马铃薯、山药、芋、姜等，富含淀粉，能耐贮藏。⑨水生蔬菜：是指一些生长在沼泽或浅水地区的蔬菜，主要有藕、茭白、慈姑、荸荠、菱和水芹等。⑩多年生蔬菜：如香椿、竹笋、金针菜、石刁柏、佛手瓜、百合等，一次繁殖以后，可以连续采收。⑪食用菌类：包括蘑菇、草菇、香菇、木耳等，人工栽培和野生或半野生。

（3）按食用器官分类：可分为根菜、叶菜、茎菜、花菜、果菜和种子 6 类。

从蔬菜大类来看，叶菜类占蔬菜总产量的 39.98％，将近 2/5 的比例。茄果类占总产量的 16.13％，其中番茄又占 2/5 强的比例。块根类占总产量的 14.11％，其中萝卜又占将近半数。瓜菜类占总产量的 12.88％，其中黄瓜又占去了半壁江山。葱蒜类占总产量的 8.79％，葱、蒜比例相当。菜用豆占总产量的 5.11％。水生菜、食用菌和其他蔬菜生产的占比分别都不到 5％。

从更细的蔬菜品种来看，大白菜产量占蔬菜总产量的 17.12％，紧随其后的分别是番茄（7.32％）、黄瓜（7.15％）、萝卜（6.60％）、圆白菜（4.79％）、茄子（4.19％）、芹菜（3.37％）、大葱（3.36％）、大蒜（2.90％）、菠菜（2.84％）、胡萝卜（2.44％）、四季豆（2.37％）、油菜（2.19％），是蔬菜生产的大宗产品，也是我国人民几乎天天都在食用的家常菜。

2. 蔬菜需水耗水一般规律

蔬菜是需水量很高的作物，如大白菜、甘蓝、芹菜和茼蒿的含水量均达 93％～96％，成熟的种子含水量也占 10％～15％。任何作物都是由无数细胞组成，每个细胞由细胞壁、原生质和细胞核三部分构成。只有当原生质含有 80％～90％以上的水分时，细胞才能保持一定膨压，使作物具有一定形态而构成适当的光合面积，也才能维持正常的生理代谢。新陈代谢是生命的基本特征之一，有机体在生命活动过程中，不断地与周围环境进行物质和能量的交换。而水是参与这些过程的介质与重要原料，在光合作用中，水则是主要原料。

还有许多生物化学过程，如水解反映、呼吸作用等都需要水分直接参加。黄瓜缺氮，植株矮化，叶呈黄绿色。番茄缺磷，叶片僵硬，呈蓝绿色。胡萝卜缺钾，叶扭转，叶缘变褐色。当施入相应营养元素的肥料后症状将逐渐消失。而这些生化反应，都是在水溶液或水溶胶状态下进行的。

由于各类蔬菜长期生活在不同的水分条件下，形成了不同的生态习性相适应特征，其自身形态构造和生长季节均不相同，凡生长期叶面积大、生长速度快、采收期长、根系发达的蔬菜，需水量较大（如茄子、黄瓜等）；反之需水量则较小（如辣椒、菠菜等）。体内含蛋白质或油脂多的蔬菜（如蘑菇、平菇），比体内含淀粉多的蔬菜（如山药、马铃薯）需水要多。另外，同一蔬菜的不同品种之间，需水量也有差异，耐旱和早熟品种需水量就少些。

大多数蔬菜根系较浅，对水分的反应都较灵敏。试验表明，当土壤水分降到适宜蔬菜生长的下限时，叶片水分含量并未立即发生明显变化，而首先是呼吸状态发生变化，继而光合作用也发生变化。土壤水分进一步下降时，叶片水分含量才开始显著下降。由此得出，外观上尚未出现轻度萎蔫缺水时，就可引起光合能力减退，此时就应补充土壤水分。但就水分需要而言，各种蔬菜又有所区别。

各地区蔬菜需水量变幅较大，以大白菜为例，天津、山西等地需水量为326～363毫米，而北京地区高达628毫米。总的来看蔬菜生长期内（120～150天）总需水量约500～1 000毫米，每日平均需水4～8毫米，显然大于粮食作物的需水量。以单种蔬菜需水量为基础，得出北京5种典型茬口的菜田平均需水量为1 420毫米/亩。

3. 全国和分省蔬菜生产

2016年，全国蔬菜总产79 779.7万吨，比2015年增产了1 253.61万吨，增幅1.60%。2016年蔬菜产量超过2 000万吨的省份是山东、河北、河南、江苏、四川、湖南、湖北、广东、辽宁、广西、安徽11个省份，它们的总产占全国总产的70.2%。产量在1 000万～2 000万吨的省份是云南、新疆、福建、甘肃、陕西、浙江、贵州、重庆、浙江、内蒙古、江西、山西 12 个省份，它们的总产占全国总产的 24.5％。上述 23 个省的总产合计占全国总产的 94.7％（图 4-1）。

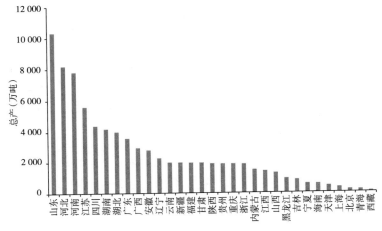

图 4-1　2016 年全国分省蔬菜产量

4. 蔬菜耗水量与水分生产力

2016 年，全国蔬菜总产 79 779.7 万吨，蔬菜耗水总量 973.51 亿米³，蔬菜水分生产力 8.195 千克/米³。各省蔬菜水分生产力的差异较大，最高的河北省能够达到 19.050 千克/米³，最低的西藏自治区只有 2.31 千克/米³。由于蔬菜种类、品种、需水生理特性、生长季、茬口等因素异常丰富、多样，因此，其水分生产力水平需要考虑这些因素的影响，各省份的水分生产力不能进行简单的比较或类比，但总体上的蔬菜水分生产力还是具有一定的指示意义的。

从全国来看，蔬菜水分生产力超过 10 千克/米³ 的有河北（19.050 千克/米³）、河南（18.329 千克/米³）、山东（17.870 千克/米³）、山西（11.421 千克/米³）、辽宁（10.949 千克/米³）5 个省份。在 5～10 千克/米³ 之间的有内蒙古（10.252 千克/米³）、云南（9.873 千克/米³）、陕西（9.296 千克/

米³）、安徽（9.252 千克/米³）、重庆（8.929 千克/米³）、江苏（7.925 千克/米³）、湖南（7.919 千克/米³）、吉林（7.670千克/米³）、天津（7.592 千克/米³）、新疆（7.298 千克/米³）、宁夏（7.215 千克/米³）、湖北（6.935 千克/米³）、四川（6.809 千克/米³）、甘肃（6.262 千克/米³）、青海（6.616千克/米³）、上海（5.939 千克/米³）、北京（5.924 千克/米³）、黑龙江（5.870 千克/米³）、江西（5.084 千克/米³）19个省份（图 4-2）。

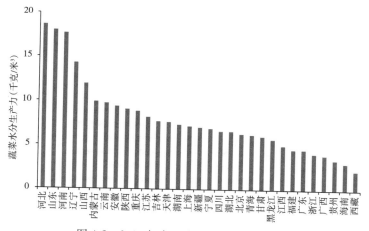

图 4-2　2016 年全国分省蔬菜水分生产力

全国各省份中，除了北京（－6.55%）、天津（－0.74%）、山西（－4.20）、辽宁（－23.29%）、吉林（－0.58%）、上海（－17.38%）、江苏（－3.45%）、安徽（－1.74%）、山东（－0.68%）、海南（－1.83%）、青海（－1.32%）的蔬菜水分生产力下降外，其他省份都有不同程度的提高。

在蔬菜生产的 973.51 亿米³ 耗水量中，来源于灌溉"蓝水"的耗水量 267.96 亿米³，来源与降水"绿水"的耗水量705.55 亿米³，"蓝水"占 27.5%，"绿水"占 72.5%，大致为"蓝水"："绿水"为 3：7 的比例（图 4-3）。

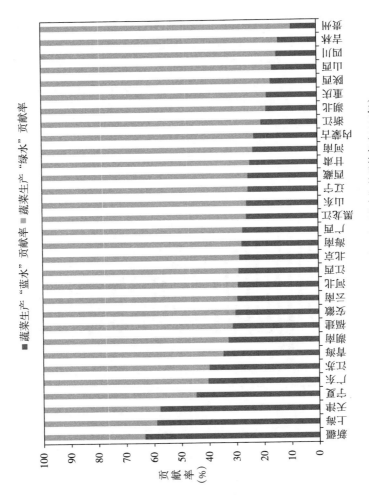

图4-3 全国分省蔬菜生产中"绿水"和"蓝水"的贡献率（2016年）

（三）水分生产力和单产

水分生产力与很多因素有关，其中，单产是很重要的因素。水分生产力与单产基本呈线性正相关关系。从全国分省粮食单产和水分生产力的关系看（图 4-4），粮食主产省份的水分生产力基本处于全国领先水平。重庆的水分生产力水平在南方省份中处于较高水平。

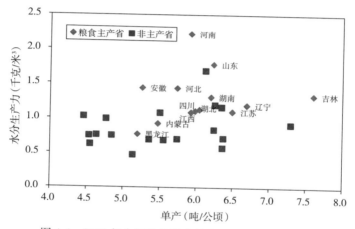

图 4-4　2016 年全国分省粮食单产与水分生产力关系

蔬菜的水分生产力也与单产密切相关。分省蔬菜单产与水分生产力的关系如图 4-5 所示。

（四）水分生产力与土地生产力

土地生产力是指单位耕地面积产出的粮食产量，是剔除复种指数的影响，对耕地的产出进行衡量的主要指标。计算方法是用粮食总产除以粮食耕地面积。本报告中的"土地生产力"是指"粮食土地生产力"，是用粮食总产量除以粮食耕地总面积。

土地生产力和水分生产力基本呈线性正相关（图 4-6）。土地生产力最高的河南、山东和安徽的水分生产力也处于较高

2015 年蔬菜单产与水分生产力关系

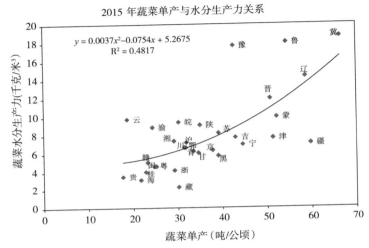

图 4-5　2016 年分省蔬菜单产与水分生产力关系

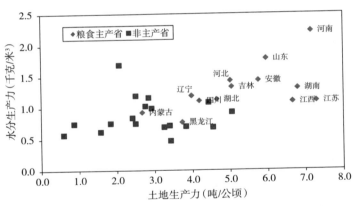

图 4-6　2016 年全国分省土地生产力与水分生产力关系

位置。东南土地生产力最高，但是水分生产力处于中值水平。华北土地生产力处于第二位，水分生产力最高。东北土地生产力处于较低位置，这是由于其一年一熟的种植制度决定的。西南水分生产力处于较低水平，但土地生产力在中值水平。西北无论土地还是水分生产力都处于最低点。

（五）水分生产力与降水量

降水量和粮食水分生产力的关系为：降水量在 200～800 毫米之间，粮食水分生产力随着降水量增加而增加；降水量在 800～2 200 毫米之间，水分生产力随着降水量增加而降低（图 4-7）。

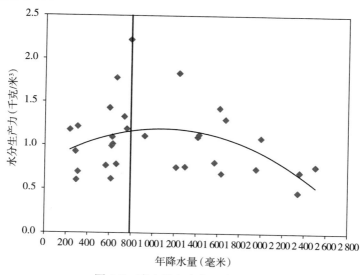

图 4-7　降水量和水分生产力关系

五、结　语

2016 年全国平均降水量 730.0 毫米，比多年平均偏多 13.6%，比 2015 年增加 10.5%。全国水资源总量 32 466.4 亿米^3，比多年平均偏多 17.1%。其中，地表水资源量 31 273.9

亿米³，地下水资源量 8 854.8 亿米³，地下水与地表水资源不重复量 1 192.5 亿米³。尤其值得注意的是在较为缺水的北方流域，如海河、黄河和西北内陆区，降水量比常年增加幅度较大。根据本报告的"蓝水"和"绿水"的观点，降水量是评价农业可用水量的总的来源。因此，全国及各大流域降水量的增加是广义农业可用水量增加的基础。总体上，2016 年 13 个粮食主产省份的降水条件比 2015 年明显增加，为保证广义农业可用水量提供了较好的物质基础。

2016 年，全国地表水资源量 31 273.9 亿米³，折合年径流深 330.3 毫米，比多年平均偏多 17.1%，比 2015 年增加 16.3%。缺水的黄河流域，尽管降水量比常年增加了 8.2%，但其地表水资源量却比多年平均减少了 21.3%。类似情况还出现在海河（−5.5%）、辽河（−5.6%）与松花江（−1.3%）流域，这种状况主要是由于气候变化造成的。但是，无论黄河、海河、辽河还是松花江流域，其地表水资源量与 2015 年比都增加了。2016 年，大多数粮食主产省的水资源条件较好，为保证农业用水提供了可靠的"蓝水"资源基础。

2016 年，全国总用水量 6 040.2 亿米³。农业用水 3 768.0 亿米³，占总用水量的 62.4%。13 个粮食主产省份的农业用水量，除湖北省外，各省农业用水量的增/减幅度都不大。

全国分省农业用水占总用水量的百分比呈现明显的地区分异，呈现明显的从东南到西北逐渐增加的空间分布模式。东南沿海经济最发达地区的农业用水占比最低，西北内陆地区缺水省份的占比最高，其他省份则处于中段位置。这种用水格局的空间分布从另一个角度反映了各省经济结构和经济发达程度。与 2015 年相比，湖北省农水比例下降到 50% 以下，内蒙古用水比例下降到 75% 以下。

2016 年，农田灌溉占灌溉面积的绝大多数，大于 90%，紧随其后的是果园、林地和牧草灌溉。其中果园灌溉增长较快，由2015年的第三位上升到第二位。牧草灌溉略有下降。为保证粮食生产，13个省份的灌溉主要用在了农田灌溉上。

节水灌溉比例较高的省份主要是缺水的北方粮食生产省份，如内蒙古、河北，还有经济发达但不缺水的省份，如江苏。在节水灌溉比例较高的省份，除了最基本的渠道衬砌外，低压管灌、喷滴灌和微灌都是主导的节水灌溉模式。2016年这种技术的分布与2015年相比没有明显变化。

2016年，全国农田灌溉量为3 312.1亿米³，占农业用水量的86.0%。无论灌溉量还是占农业用水量的百分比都略有下降，这与本年度的降水量和水资源量相对丰沛有关。13个粮食主产省份中，除吉林省外，都达到了85%以上。值得注意的是：南方丰水省份的比例总体上比北方缺水流域水平高。

2016年，农业仍然是最大的用水部门，占总用水量的62.4%，比2015年略有下降；农田灌溉量占农业用水总量的86.0%，仍然是农业用水中最大的部门。在总灌溉面积中，节水灌溉面积的比例继续提高，除了最基本的渠道衬砌外，低压管灌、喷滴灌和微灌都是主要的节水灌溉模式。

2016年，全国广义农业水资源量为8 237.4亿米³，比多年平均值（1998—2014年平均）偏多351.6亿米³，偏多4.43%，比2015年高43.6亿米³，多0.53%。但以水深为衡量标准的广义农业水资源量，全国为970.1毫米，比多年平均值（1998—2014年）偏少49.9毫米，偏少4.89%；比2015年增加2.1毫米，多0.21%。

2016年，从总体上看：广义农业水资源量从表观上有所增加，但由于上述影响因素的综合作用，归一化的水深广义水资源量却比多年平均值略少。耕地有效降水深有小幅增加的同时，耕地灌溉水深下降，基本符合耕地"绿水"和"蓝水"此消彼长的一般性规律。另外，还值得注意的是，耕地降水深比多年平均增加幅度的绝对值远远小于耕地灌溉减少幅度的绝对值，这可能是由于节水灌溉的发展和种植结构的变化造成的。

大多数粮食主产省份的耕地"绿水"比例都超过了耕地"蓝水"，13 个主产省份中有 11 个更加依赖耕地灌溉"蓝水"。但由于 2016 年水分条件较好，大多数主产省份的"绿水"比例都有不同程度的提高。全国耕地上总的"蓝水"和"绿水"比例与灌溉耕地上该比例是略有不同的，这取决于当地的灌溉耕地占总耕地面积的比例。灌溉比例越是较高的省份，两个比例越相似。如新疆耕地上"绿水"："蓝水"为 11.9：88.1，而其灌溉耕地两者比例为 15.4：84.6。

考虑了耕地降水"绿水"因素的广义农业水土比说明了在一些缺水的粮食主产省份，真正支撑其粮食生产的广义农业水资源禀赋。

2016 年，全国粮食作物播种面积 113 034.5 千公顷，比 2015 年减少 308.5 千公顷，粮食总产 61 625.0 万吨，比 2015 年减产 518.9 万吨，减幅 0.83%。

2016 年，全国四大粮食作物总产 59 155.2 万吨，比 2015 年增产 1 575.5 万吨，增产 2.7%，四大粮食作物总耗水量 5 639.2 亿米³，比 2015 年增加 123.9 亿米³，增幅 2.2%。

2016 年，全国四大粮食作物中（水稻、小麦、玉米、大豆），水稻耗水量 2 578.1 亿米³，占总耗水量的 47.6%；小麦耗水量 1 141.7 亿米³，占 21.1%；玉米耗水量 1 469.1 亿米³，占 27.1%；大豆耗水量 232.3 亿米³，占 4.3%。全国水稻总产 20 707.8 万吨，占四大粮食作物总产量的 36.4%；小麦总产 12 884.7 万吨，占 22.7%；玉米总产 21 955.4 万吨，占 38.6%；大豆总产 1 293.6 万吨，占 2.3%。

2016 年，全国四大粮食作物总水分生产力为 1.049 千克/米³，比 2015 年提高 0.005 千克/米³，提高 0.43%。2016 年，全国水稻水分生产力为 0.803 千克/米³，比 2015 年提高 0.005 千克/米³，提高 0.651%。全国小麦水分生产力为 1.129 千克/米^3，比 2015 年降低 0.007 千克/米^3，降低 0.64%。全国玉米水分生产力为 1.794 千克/米^3，比 2015 年降低 0.01 千克/米^3，降低 0.55%。全国大豆水分生产力为 0.605 千克/米^3，比 2015 年降低 0.048 千克/米^3，降低 8.00%。

2016 年，全国蔬菜总产 79 779.7 万吨，蔬菜耗水总量973.51 亿米^3，蔬菜水分生产力 8.195 千克/米^3。

图书在版编目（CIP）数据

2015—2016 年中国农业用水报告 / 全国农业技术推广服务中心，中国农业大学土地科学与技术学院，农业农村部耕地保育（华北）重点实验室编著 . —北京：中国农业出版社，2022.6
ISBN 978-7-109-29575-9

Ⅰ.①2… Ⅱ.①全… ②中… ③农… Ⅲ.①农田水利—研究报告—中国—2015—2016 Ⅳ.①S279.2

中国版本图书馆 CIP 数据核字（2022）第 107867 号

中国农业出版社出版
地址：北京市朝阳区麦子店街 18 号楼
邮编：100125
策划：贺志清
责任编辑：王琦瑢 贺志清
版式设计：杜 然 责任校对：吴丽婷
印刷：中农印务有限公司
版次：2022 年 6 月第 1 版
印次：2022 年 6 月北京第 1 次印刷
发行：新华书店北京发行所
开本：850mm×960mm 1/32
印张：3.25
字数：75 千字
定价：50.00 元